EUL VERLAG

MARKETING

Herausgegeben von Prof. Dr. Heribert Gierl, Augsburg, Prof. Dr. Roland Helm, Regensburg, Prof. Dr. Frank Huber, Mainz, und Prof. Dr. Henrik Sattler, Hamburg

Band 57
Guido Grunwald und Philipp Hennig
REACH und CSR – Mehr Reputation durch Nachhaltigkeit in kleinen und mittleren Unternehmen
Lohmar – Köln 2012 ◆ 120 S. ◆ € 42,- (D) ◆ ISBN 978-3-8441-0129-4

Band 58
Frank Huber, Frederik Meyer und Oliver Gluth
Mitgliederbindung an Social Network Sites – Eine empirische Analyse zur Aufdeckung von Nutzermotiven
Lohmar – Köln 2012 ◆ 220 S. ◆ € 55,- (D) ◆ ISBN 978-3-8441-0130-0

Band 59
Frank Huber, Julia Hamprecht und Marc Heise
In-Game Advertising erfolgreich platzieren – Eine empirische Analyse in der Konsumgüterbranche
Lohmar – Köln 2012 ◆ 148 S. ◆ € 43,- (D) ◆ ISBN 978-3-8441-0133-1

Band 60
Frank Huber, Isabel Matthes, Julia Hamprecht und Felix Ackermann
Erfolgsfaktoren und Rückwirkungseffekte von Limited Editions – Eine empirische Analyse im FMCG-Markt
Lohmar – Köln 2012 ◆ 152 S. ◆ € 47,- (D) ◆ ISBN 978-3-8441-0147-8

Band 61
Stefan Vollmann, Tim Lindemann und Frank Huber
Open Innovation – Eine empirische Analyse zur Identifikation innovationsbereiter Kunden
Lohmar – Köln 2012 ◆ 108 S. ◆ € 38,- (D) ◆ ISBN 978-3-8441-0153-9

Band 62
Frank Huber, Andrea Weihrauch und Julia Weindel
Erfolgreiche Arbeitgebermarken-Gestaltung bei potentiellen und bestehenden Arbeitnehmern
Lohmar – Köln 2012 ◆ 120 S. ◆ € 42,- (D) ◆ ISBN 978-3-8441-0158-4

JOSEF EUL VERLAG

Reihe: Marketing · Band 62

Herausgegeben von Prof. Dr. Heribert Gierl, Augsburg, Prof. Dr. Roland Helm, Regensburg, Prof. Dr. Frank Huber, Mainz, und Prof. Dr. Henrik Sattler, Hamburg

Prof. Dr. Frank Huber
Andrea Weihrauch
Julia Weindel

Erfolgreiche Arbeitgebermarken-Gestaltung bei potentiellen und bestehenden Arbeitnehmern

EUL VERLAG

Bibliografische Information der Deutschen Nationalbibliothek

Die Deutsche Nationalbibliothek verzeichnet diese Publikation in der Deutschen Nationalbibliografie; detaillierte bibliografische Daten sind im Internet über <http://dnb.d-nb.de> abrufbar.

ISBN 978-3-8441-0158-4
1. Auflage Juni 2012

JOSEF EUL VERLAG GmbH
Brandsberg 6
53797 Lohmar
Tel.: 0 22 05 / 90 10 6-6
Fax: 0 22 05 / 90 10 6-88
E-Mail: info@eul-verlag.de
http://www.eul-verlag.de

Bei der Herstellung unserer Bücher möchten wir die Umwelt schonen. Dieses Buch ist daher auf säurefreiem, 100% chlorfrei gebleichtem, alterungsbeständigem Papier nach DIN 6738 gedruckt.

Vorwort

In jüngster Vergangenheit stehen Unternehmen immer mehr vor der Herausforderung talentierte Mitarbeiter zu finden und langfristig an das Unternehmen zu binden. Demographischer Wandel und Fachkräftemangel tragen zur Problematik bei. Talentierte Mitarbeiter stellen für Unternehmen eine wertvolle und nicht imitierbare Ressource dar, die maßgeblich dazu beiträgt, dass sich ein Unternehmen am Markt von Wettbewerbern differenzieren kann. Das Employer Branding nimmt in dieser Problematik eine Schlüsselfunktion ein und kann einen großen Beitrag im Rahmen des Recruitings und Retentionmanagements leisten. So kann durch das Employer Branding die wahrgenommene Arbeitgeberattraktivität gesteigert werden und somit Einfluss auf die Verbundenheit und das Vertrauen gegenüber einem Arbeitgeber genommen werden. Des Weiteren beeinflusst die Arbeitgeberattraktivität auch die Employer Awareness. Während Verbundenheit und Vertrauen insbesondere in Bezug auf das Retentionmanagement relevante Größen darstellen, bezieht sich Employer Awareness auf die Bekanntheit bzw. die Kenntnis eines Arbeitgebers im Rahmen des Recruitings.

Zentrale Fragestellung der vorliegenden Arbeit war die Identifikation relevanter Teilkonstrukte von Employer Brands. Zur näheren Untersuchung der Fragestellung wurde auf eine Kausalanalyse zurückgegriffen, anhand derer die Ursache-Wirkungszusammenhänge der einzelnen Konstrukte untersucht wurden. Die Befragung erfolgte online und wurde mittels PLS-Verfahren ausgewertet. Es konnte nachgewiesen werden, dass Interest Value, Development Value, Application Value und Image Value allesamt einen positiv signifikanten Einfluss auf die Arbeitgeberattraktivität haben. Image Value stellt dabei die Größe mit dem größten Einfluss dar. Für das Management von Employer Brands ist es daher hoch relevant das Image zu pflegen und besonderen Wert auf die Dimensionen Kompetenz, Aufrichtigkeit und Kultiviertheit zu legen. Ein weiteres Resultat, mit dem gleichzeitig eine Implikation für die Forschung einhergeht, ist die schwache Erklärte Varianz von Employer Awareness. So erklärt die Arbeitgeberattraktivität nur 3,8% der Varianz des Konstrukts. Im Hinblick auf Employer Awareness stellt sich also die Forschungsfrage, welche weiteren im Rahmen der Untersuchung nicht beachteten Faktoren das Konstrukt beeinflussen.

Mainz und Trier, im Juni 2012

Frank Huber, Andrea Weihrauch und Julia Weindel

Inhaltsverzeichnis

Abbildungsverzeichnis

Tabellenverzeichnis

Abkürzungsverzeichnis

ArbStättV	-	Arbeitsstättenverordnung
BA-X	-	Stellenindex der Bundesagentur für Arbeit
bspw.	-	beispielsweise
bzw.	-	beziehungsweise
DEV	-	durchschnittlich erfasste Varianz
EoC	-	Employer of Choice (engl.)
EVP	-	Employer Value Proposition (engl.)
et al.	-	und andere (lat.)
evtl.	-	eventuell
f.	-	folgend
ff.	-	fortfolgend
gem.	-	gemäß
H	-	Hypothese
Jg.	-	Jahrgang
mind.	-	mindestens
NPO	-	Non-Profit-Organization (engl.)
Nr.	-	Nummer
OECD	-	Organisation for Economic Co-Operation and Development
PLS	-	Partial Least Squares (engl.)
P-O-Fit	-	Person-Organization-Fit (engl.)
RBV	-	Resource-Based-View (engl.)
S.	-	Seite
SDT	-	Signal Detection Theory (engl.)
SIT	-	Soziale Identitätstheorie
sog.	-	sogenannte
S-O-R	-	Stimulus-Organismus-Reaktion
u.a.	-	unter anderem
Vgl.	-	Vergleiche
VIF	-	Variance Inflation Factor (engl.)
z.B.	-	zum Beispiel
4 P's	-	Product - Price - Promotion - Place (engl.)

1. Zur Relevanz von Employer Branding

„Marken und Menschen […] gelten als die beiden wertvollsten Elemente des sog. intellektuellen Kapitals“.[1] Im Hinblick auf eine nachhaltige Unternehmensführung stellen sowohl Marken als auch Mitarbeiter wichtige Größen dar und haben einen erheblichen Wertbeitrag für ein Unternehmen.[2] Allerdings stellen Mitarbeiter[3] für Unternehmen eine knappe Ressource dar. Im Zuge des demographischen Wandels, so eine aktuelle Studie der *OECD*, werden im Jahr 2020 in Deutschland 75% mehr Beschäftigte aus der Erwerbstätigkeit ausscheiden, als dass Beschäftigte in die Erwerbstätigkeit eintreten.[4] Währenddessen ist auf der Arbeitgeberseite eine gegenläufige Entwicklung festzustellen. So erreichte der Stellenindex BA-X[5] der Bundesagentur für Arbeit im Februar einen neuen Höchststand, der sogar den Höchststand vor der Wirtschaftskrise um einen Punkt übersteigt. Der Stellenindex misst die Nachfrage nach Arbeitskräften in Deutschland auf dem ersten Arbeitsmarkt und zeigt eine hohe Einstellungsbereitschaft seitens der Unternehmen.[6] Der durch diese Entwicklungen resultierende bzw. verschärfte Fachkräftemangel führt zu einem starken Wettbewerb um hochqualifizierte Arbeitnehmer.

Bereits 1998 sprach *McKinsey* von einem „War For Talent“.[7] Das verwendete Vokabular zeigt, wie umkämpft gute Mitarbeiter auf dem Arbeitsmarkt sind. Es ist daher für Unternehmen empfehlenswert sich als Employer of Choice (EoC) zu positionieren, um den Kampf um Talente gewinnen zu können und diese an das Unternehmen zu binden. Im Rahmen der Positionierung als Employer of Choice gilt es zunächst eine Value Proposition aufzustellen, die (potentiellen) Mitarbeitern die Vorzüge des Arbeitgebers näher bringen soll und seinen Wertvorstellungen entspricht. Im Rahmen des Positionierungsprozesses stellt das Employer Branding eine zentrale Erfolgsgröße dar. Gelingt die EoC-Positionierung, so kann dadurch ein höheres Commitment erreicht werden, die Mitarbeiterfluktuation sinkt, während die Bindung

[1] Sponheuer (2010), S.1.
[2] Vgl. Sponheuer (2010), S. 1f.
[3] Im Rahmen der vorliegenden Arbeit werden maskuline Begriffe verwendet, um die Lesbarkeit der Arbeit zu erhöhen.
[4] Vgl. DER SPIEGEL (2010).
[5] Der BA-X Stellenindex wird monatlich durch die Bundesagentur für Arbeit veröffentlicht. Er bildet die Nachfrage von Unternehmen und privaten Arbeitsvermittlern nach Arbeitskräften sowie Stellen für Freiberufler und Selbstständige am ersten Arbeitsmarkt ab und ist saisonbereinigt. Der BA-X zählt zu den aktuellsten Stellenindexen in Deutschland.
[6] Vgl. Bundesagentur für Arbeit (2011).
[7] Chambers et al (1998), S. 44.

der Mitarbeiter an den Arbeitgeber steigt.[8] Um eine erfolgreiche Positionierung eines Unternehmens als Arbeitgeber am Arbeitsmarkt durchführen zu können, ist es für Unternehmen unabdinglich zuvor diejenigen Größen zu identifizieren, die sowohl für aktuelle, als auch für potentielle Arbeitnehmer in Bezug auf die Wahrnehmung der Arbeitgeberattraktivität eine signifikante Wirkung ausüben. Das im Rahmen dieser Arbeit aufgestellte Untersuchungsmodell widmet sich daher der Analyse der Faktoren, die der Arbeitgeberattraktivität vorgelagert sind und der Untersuchung der Pfadzusammenhänge auf Signifikanz. Des Weiteren wird die Wirkung der Arbeitgeberattraktivität auf die Mitarbeitergewinnung und Mitarbeiterbindung, anhand der Zielkonstrukte Commitment, Trust und Awareness genauer beleuchtet.

Zur Erarbeitung des Untersuchungsmodells erfolgt in Kapitel 2 zunächst eine allgemeine Definition des Employer Branding, die mit der Einordung dessen in den Kontext des Relationship Marketing abgerundet wird. Danach wird ein Einblick in Theorien gegeben, die für das Employer Branding relevant sind bzw. auf denen das Employer Branding fußt. Zu den Theorien gehört zum einen der Ressourcen-orientierte Ansatz, der davon ausgeht, dass Mitarbeiter für ein Unternehmen eine wichtige nicht imitierbare Ressource darstellen, die es zu gewinnen und zu binden gilt. Im Anschluss daran wird ein Überblick über die Soziale Identitäts-Theorie und die Neue Institutionenökonomik gegeben, bevor die Theorie des psychologischen Vertrags und der Brand Equity Ansatz das Kapitel abrunden.

Kapitel 3 widmet sich der Herleitung des Untersuchungsmodells, indem zum einen die Faktoren herausgearbeitet werden, von denen angenommen wird, dass sie eine Wirkung auf die Arbeitgeberattraktivität haben und zum anderen, indem die Faktoren erarbeitet werden, von denen angenommen werden kann, dass die Arbeitgeberattraktivität auf sie einwirken wird.
Beginnend mit einer Vorstellung der gewählten Erhebungsmethode beschäftigt sich Kapitel 4 mit der Operationalisierung der Konstrukte und der Ergebnisdarstellung. Nach der Vorstellung der Kausalanalyse folgt die Vorstellung des Untersuchungsdesigns sowie über die soziodemographischen Merkmale der Stichprobe. Anschließend folgt die Darstellung der Operationalisierungen der latenten Variablen, auf welche die Ergebnisse der empirischen Un-

[8] Vgl. Smith/Gregory/Cannon (1996), S. 8.

tersuchung folgen. Die Implikationen für Praxis und Forschung, die auf den Ergebnissen aufbauen, runden letztendlich das 4. Kapitel ab.

Abschließend wird im Rahmen von Kapitel 5 ein zusammenfassendes Fazit über die Wirkung der vorgelagerten Konstrukte auf die Arbeitgeberattraktivität und deren Wirkung auf die nachgelagerten Konstrukte Commitment, Trust und Employer Awareness gegeben. Ein kurzer Ausblick rundet das Kapitel schließlich ab.

2. Konzeptionelle und theoretische Grundlagen des Employer Branding

2.1. Konzeption von Employer Branding

2.1.1. Der Begriff Employer Branding im Kontext der Markentheorie

Um den Begriff Employer Brand bzw. Employer Branding definieren zu können, gilt es zunächst den Begriff Brand (engl.) zu Deutsch Marke näher zu betrachten. *Aaker* definiert die Marke als einen „charakteristischen Namen und/ oder Symbol [...], die dazu dienen, die Erzeugnisse oder Dienstleistungen eines Anbieters oder einer Gruppe von Anbietern wiederzuerkennen und sie von denen der Konkurrenz zu unterscheiden."[9] Die Marke vereint psychisch-funktionale und symbolische Nutzenkomponenten eines Produktes bzw. einer Dienstleistung. Diese Nutzenkomponenten tragen zur Differenzierung der Marke von Wettbewerbermarken je nach ihrer Ausgestaltung in unterschiedlicher Intensität bei. [10] Die Verknüpfung aller Nutzenkomponenten durch die Marke bildet die Markenidentität, die durch den (potentiellen) Verbraucher wahrgenommen wird. Die Darstellung der einzelnen Markenattribute erfolgt durch die Value Proposition, die diejenigen funktionellen, emotionalen und der Selbstdarstellung dienenden Attribute gegenüber dem Verbraucher darstellt. Eine erfolgreiche Value Proposition schürt die Kaufentscheidung des Verbrauchers und kann zur Gestaltung des Verhältnisses zwischen Marke und Verbraucher eingesetzt werden.[11]

Das in der Literatur eher junge Phänomen der Employer Brand beschreiben *Ambler* und *Barrow* als eine der Ersten. Sie definieren die Employer Brand als „das Paket von funktionalen, ökonomischen und psychologischen Vorteilen, die mit einer Anstellung einhergehen und zur Identifizierung mit dem Arbeitgeber beitragen".[12] Darüber hinaus definieren *Backhaus* und *Tikoo* Employer Branding als den Prozess eine einzigartige und mit dem Unternehmen identifizierbare Arbeitgeberidentität zu schaffen, die den Arbeitgeber von seinen Wettbewerbern unterscheidet. Dieser Prozess ist Teil einer langfristigen Strategie im Hinblick auf die Aufmerksamkeit und Wahrnehmung von Arbeitnehmern und relevanten Stakeholdergruppen.[13] Die Employer-Branding-Strategie wird in einem dreistufigen Prozess implementiert. Die erste Stufe dient der Herausarbeitung der Employer Value Proposition (EVP). Im Rahmen dieser soll die eigene Leistung, durch das Herausstellen von für den Nutzer einzigartigen

[9] Aaker (1992), S. 22.
[10] Vgl. Meffert/Burmann/Koers (2005), S. 7.
[11] Vgl. Aaker (1996), S. 95.
[12] Ambler/Barrow (1996), S. 187.
[13] Vgl. Backhaus/Tikoo (2005), S. 501f.

Nutzenkomponenten, gegenüber den Leistungen der Wettbewerber abgegrenzt werden.[14] Die EVP trägt somit die zentrale Markenbotschaft und fundiert unter anderem auf Informationen über die Unternehmens- und Führungskultur, Produkt- bzw. Dienstleistungsqualität und dem Image des Unternehmens als Arbeitgeber. In einem zweiten Schritt gilt es dann, die herausgearbeitete EVP gegenüber potentiellen Mitarbeitern zu vermarkten und dann in einem dritten Schritt ebenfalls nach innen zu tragen.[15] Zentrales Ziel des Employer Branding ist es, das Unternehmen als Arbeitgeber sowohl gegenüber internen als auch gegenüber externen Zielgruppen, d.h. gegenüber aktuellen und potentiellen Mitarbeitern, zu positionieren und die Unterschiede, die den Arbeitgeber im Vergleich zu anderen begehrenswert machen, klar herauszuarbeiten.[16] So kann langfristig ein Wettbewerbsvorteil geschaffen und verteidigt werden.[17] Im Rahmen dieser Zielsetzung sind drei Kriterien für das Employer Branding besonders relevant: Die Konsistenz der EVP, die Differenzierung von Wettbewerbern und die wahrgenommenen Attraktivität der Employer Brand.

Bei der strategischen Ausrichtung des Employer Branding ist der Fokus auf die Steigerung der wahrgenommenen Arbeitgeberattraktivität zu richten. Die wahrgenommene Attraktivität unterscheidet sich dabei von der objektiven bzw. tatsächlichen Attraktivität, sie lässt sich schwer manifestieren und ist eine individuelle Einschätzung des (potentiellen) Mitarbeiters.[18] *Aaker* spricht in diesem Zusammenhang von einem kausalen Zusammenhang zwischen der Erwartungshaltung und der wahrgenommenen Attraktivität bzw. Qualität. Diese Wahrnehmung beim Nachfrager wird in der Literatur auch als Markenimage bezeichnet.[19] Das Markenimage ist dabei eine vergangenheitsorientierte Sichtweise des Nachfragers, die auf vergangenen Kontakten mit der Marke beruht und daher durch das Employer Branding nicht mehr aktiv gestaltet werden kann. Die Gestaltung der Markenidentität dagegen ist zukunftsorientiert und kann aktiv durch das Employer Branding geformt werden.[20] Die Kernidentität enthält dabei die Markenessenz, diejenigen Assoziationen mit der Marke, die mit einer hohen

[14] Vgl. Esch (2010); Großklaus (2006), S 187.
[15] Vgl. Backhaus/Tikoo (2005), S. 502.
[16] Vgl. Wilkinson et al. (2009), S. 138.
[17] Vgl. Maxwell/Knox (2009), S. 895.
[18] Vgl. Aaker (1992), S. 108.
[19] Vgl. Meffert/Burmann/Koers (2005), S. 8.
[20] Vgl. Aaker (1992), S. 68ff.

Wahrscheinlichkeit konstant, also unverändert bleiben, auch wenn sich das Markenumfeld ändert. *Aaker* und *Joachimsthaler* sprechen davon, dass die Markenessenz der Marke ihre „Seele“ gibt.[21] Die Kernidentität beinhaltet Elemente, welche die Marke einzigartig und wertvoll machen und die die Grundlage für die Glaubwürdigkeit der Marke bilden.[22] Die Kernidentität ist dabei zeitlos gestaltet, bleibt demnach im Zeitablauf konsistent und besteht aus wenigen Merkmalen.[23] Die erweiterte Markenidentität vervollständigt die Markenidentität und gibt dieser Struktur.[24] Sie fügt der Markenidentität weitere, meist gruppierte Attribute zu, beinhaltet die Markenpersönlichkeit und die mit der Marke assoziierten Symbole.[25] Hierzu können allgemeine Unternehmenseigenschaften, wie z.B. Zuverlässigkeit, Unternehmenskultur oder Unternehmenswerte gezählt werden.[26] Zur Symbolik zählen etwa Bilder oder Logos, die die Markenbotschaft transportieren und zur Wiedererkennung der Marke beitragen. Zusätzlich zählen auch Schlüsselbilder oder das Markenerbe zur Symbolik der Marke.[27] Die Markenpersönlichkeit wiederum besteht aus einer Reihe von menschlichen Persönlichkeitsmerkmalen, die durch Konsumenten mit einer Marke verbunden werden.[28]

Als Funktionen der Marke sind die Orientierungs-, Informations- und Vertrauensfunktion zu nennen.[29] Die Informationsfunktion führt dazu, dass Konsumenten die erhaltenen Informationen interpretieren und verarbeiten können und somit ihre Entscheidung für oder gegen eine Marke treffen.[30] Vor allem in komplexen Entscheidungssituationen hilft die Marke sich zwischen mehreren Alternativen zu orientieren und schließlich eine Entscheidung zu treffen, indem sie die Wiedererkennung fördert. Im gleichen Zug hilft sie dem Konsumenten das Risiko einer Fehlentscheidung zu verringern.[31] Die Wahrnehmung einer Marke kann durch das neobehavioristische S-O-R-Modell recht gut erklärt werden. Der Stimuli (Marke) wirkt auf den Organismus (Konsumenten) ein und führt bei diesem zu einer Reaktion. Im Organismus laufen verschiedene Prozesse ab die auf intervenierenden Variablen basieren und die Wahrnehm-

[21] Aaker/Joachimsthaler (2000), S. 45.
[22] Vgl. Aaker (1992), S. 85ff.
[23] Vgl. Esch/Langner/Rempel (2005), S. 113.
[24] Vgl Aaker (1992), S. 87f.
[25] Vgl. Aaker/Joachimsthaler (2000), S. 45.
[26] Vgl. Aaker (1996), S. 115.
[27] Vgl. Esch/Langner/Rempel (2005), S.115f.
[28] Vgl. Aaker (1997), S. 347.
[29] Vgl. Meffert/Burmann/Koers (2005), S. 11.
[30] Vgl. Ambler/Barrow (1996), S. 187.
[31] Vgl. Sponheuer (2010), S. 45.

ung des Stimulus beeinflussen. So kann z.B. der Grad des Involvements die Kaufbereitschaft (Reaktion) wesentlich durch entsprechende Stimuli beeinflusst werden.[32]

Daher ist es Ziel des Employer Branding, durch eine langfristige Strategie im Rahmen der Markengestaltung, Stimuli zu senden, die die Wahrnehmung und Verarbeitung der Arbeitgebermarke bei der Zielgruppe insofern steuern, als dass sie als attraktiv wahrgenommen wird.[33]

2.1.2. Die Employer Brand im Spannungsfeld zwischen Consumer und Corporate Brand

Die traditionelle Sichtweise der Markenarchitektur unterscheidet die Consumer Brand und die Corporate Brand eines Unternehmens. Dabei bildet die Corporate Brand das Fundament der strategischen Markenführung, auf Basis derer die weiteren Marken des Unternehmens ausgebaut werden.[34] Mit der Koordination sämtlicher Unternehmensmarken beschäftigt sich die Markenarchitektur, welche die Identitäten der verschiedenen Marken in Einklang bringt und auf Konformität mit der Corporate Brand achtet. Horizontal kann zwischen Ein- und Mehrmarkenstrategien unterschieden werden. Bei Einmarkenstrategien wird pro Marktsegment jeweils eine Marke benutzt. Dabei ist es nicht unüblich, dass die Corporate Brand in den Hintergrund rückt.[35] In Bezug auf die vertikale Integration der verschiedenen Unternehmensmarken liegt im Fall von Einmarkenstrategien oft die Form des House of Brands vor.[36] Einen zentralen Vorteil der Strategie sehen *Huber et al.* vor allem darin, dass eine Markenpersönlichkeit aufgebaut werden kann, die auf die Zielgruppenbedürfnisse zugeschnitten ist. Allerdings kann das Markenmanagement nicht auf andere Unternehmensmarken und deren Bekanntheit zurückgreifen und muss sich die Marktakzeptanz selbst erarbeiten.[37] Mit zunehmender Entwicklung hin zu einer Mehrmarkenstrategie nimmt die Integration der Unternehmensmarken auf den unterschiedlichen Organisationsebenen eines Unternehmens zu und es findet eine Entwicklung weg vom House of Brands hin zu einem Branded House statt. Als

[32] Vgl. Meffert/Burmann/Kirchgeorg (2008), S. 100ff.
[33] Vgl. Backhaus/Tikoo (2004), S. 501.
[34] Vgl. Meffert/Burmann/Kirchgeorg (2008), S. 369.
[35] Vgl. Huber et al. (2009), S. 7f.
[36] Vgl. Meffert/Burmann/Kirchgeorg (2008), S. 370f.
[37] Vgl. Huber et al. (2009), S. 9.

Zwischenformen zwischen den beiden Extremen können Endorsement Branding oder Sub-Branding auftreten.[38] Im Falle einer Mehr- bzw. Dachmarkenstrategie orientieren sich alle Unternehmensmarken an der Dachmarke und lehnen ihre Positionierung an diese an. Dadurch kann der Bekanntheitsgrad der Dachmarke genutzt werden.

In die bestehende Markenarchitektur soll nun die Employer Brand eingeordnet werden. Der dadurch entstehende Koordinationsbedarf ist dabei von der Markenarchitektur abhängig. So kann zum einen die Corporate Brand der Consumer Brand entsprechen oder zum zweiten mit dieser nicht übereinstimmen. Zunächst soll nun ein Blick auf den ersten Fall geworfen werden, indem Consumer Brand(s) und Corporate Brand identisch sind. Auf Basis von Experteninterviews empfiehlt *Sponheuer* zwei Handlungsalternativen. So kann die Entwicklung der Employer Brand zum einen zusammen mit der Corporate Brand integriert entwickelt werden, oder sie wird zum anderen eigenständig, jedoch an die Corporate Brand angelehnt, entwickelt.[39] Somit wird eine Branded House- bzw. eine Sub-Branding-Strategie verfolgt.

Auch für den Fall von unterschiedlichen Corporate und Consumer Brands obliegen dem Employer Brand-Management zwei verschiedene Alternativen. Zum einen kann eine Sub-Branding- bzw. eine Endorsed Branding-Strategie verfolgt werden.[40] Die Employer Brand wird dann in ihrer Konzeptionalisierung bzw. Positionierung an die Corporate Brand angelehnt und darauf aufbauend weiter entwickelt.[41] Zum anderen kann im Fall divergierender Corporate und Consumer Brands auch die House of Brands-Strategie verfolgt werden.[42] Die Employer Brand wird dann durch das Markenmanagement eigenständig entwickelt und nicht wie in den zuvor dargelegten Fällen an die Corporate Brand angelehnt.[43]

2.1.3. Der Begriff Employer Branding im Kontext des Relationship-Marketings

Das Relationship Marketing befasst sich mit der Steuerung von Kundenbeziehungen und wird von *Bruhn* als „sämtliche Maßnahmen der Analyse, Planung, Durchführung und Kontrolle, die der Initiierung, Stabilisierung, Intensivierung und Wiederaufnahme sowie gegebenenfalls

[38] Vgl. Meffert/Burmann/Kirchgeorg (2008),S. 370f.
[39] Vgl. Sponheuer (2010), S. 212.
[40] Vgl. Meffert/Burmann/Kirchgeorg (2008), S. 371.
[41] Vgl. Sponheuer (2010), S. 212.
[42] Vgl. Meffert/Burmann/Kirchgeorg (2008), S. 371.
[43] Vgl. Sponheuer (2010), S. 212.

der Beendigung von Geschäftsbeziehungen zu den Anspruchsgruppen" definiert.[44] Im Gegensatz zum transaktionsorientierten Marketing begrenzt sich das Relationship-Marketing nicht auf kurzfristige Initiierung von Leistungsverkäufen durch den Marketing-Mix (4P's), sondern fokussiert die langfristige Steuerung der Kundenbeziehung. Die Qualität der Kundenbeziehungen wirkt sich dabei auch auf die Qualität der Beziehungen zu den übrigen Stakeholdergruppen aus und ist eine entscheidende Komponente des Unternehmenserfolgs. Die Faktoren Commitment und Trust stellen zentrale Kenngrößen dar, anhand derer die Beziehungsqualität erklärt werden kann. Das Relationship-Marketing ist dabei anspruchsgruppen-, management-, zeitraum- und nutzenorientiert.[45] Im engeren Sinne der Anspruchsgruppenorientierung bezieht sich das Relationship-Marketing primär auf die Beziehung zum Kunden. Im weiteren Sinne werden allerdings auch die Beziehungen zu den übrigen Stakeholdergruppen beleuchtet.[46] Unter der Managementorientierung des Relationship-Marketings werden Maßnahmen der Analyse, Planung, Durchführung und Kontrolle verstanden, auf deren Basis Strategien zu Beziehungssteuerung abgeleitet werden. Die Zeitraumorientierung zollt dem dynamischen Charakter von Beziehungen Respekt; die Nutzenorientierung stellt den Nutzen des Beziehungspartners in den Fokus, der in dessen Bedürfnisbefriedung begründet liegt.[47]

Die Kundenbeziehung ist nicht statisch sondern unterliegt einer gewissen Dynamik, die deutlich wird, wenn man sich den Verlauf der Kundenbeziehung anhand des Kundenbeziehungs-Lebenszyklus verdeutlicht. Die Anwendung des Lebenszykluskonzeptes kann auf den Kontext des Employer Branding übertragen werden. Allgemein lässt sich der Kundenbeziehungszyklus in 8 Phasen unterteilen, wie *Abbildung 1* zeigt. Da in der Anbahnungsphase keine Transaktionen stattfinden, ist die Beziehungsintensität, die z.B. anhand eines Mitarbeiterwertbeitrags quantifiziert werden kann, negativ. In dieser Phase hat das Interessentenmanagement eine besondere Bedeutung, da es mittels Kommunikationsmaßnahmen Interessenten anziehen und rekrutieren soll.[48] Wurde ein Mitarbeiter erfolgreich rekrutiert, so beginnt die eigentliche Beziehung und der Mitarbeiter tritt in die Sozialisationsphase ein. Mit Beginn der Sozialisationsphase erfolgt auch eine strategische Umorientierung.

---

44 Bruhn (2009b), S. 10.
45 Vgl. Bruhn (2009b), S. 8ff.
46 Vgl. Hunt/Arnett/Madhavaram (2006), S. 73.
47 Vgl. Bruhn (2009b), S. 8ff.
48 Vgl. Stauss (2000), S. 16f.; Bruhn (2009b), S. 63.

Es gilt nun den Mitarbeiter möglichst intensiv und für eine lange Zeit zu binden. In der Sozialisationsphase macht der Mitarbeiter nun erste Erfahrungen mit seinem Arbeitgeber, lernt Kollegen, Vorgesetze und Arbeitsprozesse kennen. Auf die Sozialisationsphase folgt die Wachstumsphase, in der der Mitarbeiterwertbeitrag weiter steigt und gegenseitige Potentiale ausgeschöpft werden. In der Reifephase erlebt der Mitarbeiter schließlich einen Wendepunkt, der Wertbeitrag beginnt zu sinken.[49]

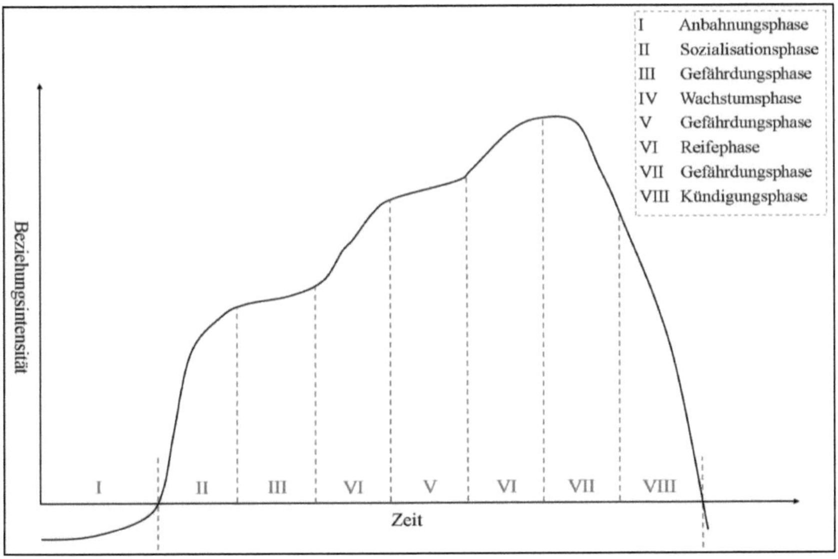

Abbildung 1: Der Kundenbeziehungszyklus[50]

Dies kann schlimmstenfalls bedeuten, dass der Mitarbeiter in die Kündigungsphase eintritt und das Mitarbeiterverhältnis von einer der beiden Vertragsparteien aufgekündigt wird.[51] Im Rahmen der Bindungsstrategie muss daher dem Mitarbeiter der Nutzen der Aufrechterhaltung der Beziehung aufgezeigt und näher gebracht werden.[52]

---

[49] Vgl. Stauss (2000), S. 16f.

[50] Quelle: Eigene Darstellung, in Anlehnung an: Stauss (2000), Abb. 1: Der Kundenbeziehungs-Lebenszyklus, S. 16.

[51] Vgl. Bruhn (2009b), S. 63f.

[52] Vgl. Morgan/Hunt (1994), S. 24f.

Im Verlauf des Lebenszyklus kann es immer wieder zu einer Stagnation des Wertbeitrags kommen. Damit einhergehend befindet sich der Mitarbeiter in einer Gefährdungsphase. Dies geschieht dann, wenn Mitarbeiter mit dem Gedanken spielen die Beziehung zu ihrem Arbeitgeber auf Grund von Unzufriedenheit, Variety-Seeking-Behavior, Konkurrenzangeboten und/oder sinkender Attraktivität des Arbeitgebers zu beenden. [53] Im Rahmen des Employer Branding bzw. des Retentionmanagements müssen daher vergangene Abwanderungen analysiert werden um eventuelle typische „Bruchstellen" zu identifizieren, gegen die dann im Rahmen des Employer Branding gezielt präventiv vorgegangen werden kann.[54] Verlässt ein Mitarbeiter ein Unternehmen, so kann dieses, sofern dies gewünscht ist, durch zielgerichtetes Rückgewinnungsmanagement versuchen den Mitarbeiter zurückzugewinnen. Ist dies erfolgreich, so beginnt die Revitalisierungsphase und der Mitarbeiterwertbeitrag beginnt erneut zu steigen.[55]

2.2. Theoretische Bezugspunkte für die Untersuchung von Employer Branding

2.2.1. Der Ressourcenorientierte Ansatz

Eine theoretische Grundlage des Employer Branding bildet der Ressourcenorientierte Ansatz (RBV). Dieser verknüpft die von einem Unternehmen genutzten Ressourcen mit dem Unternehmenserfolg. Dabei liegen dem RBV zwei Annahmen zugrunde. Zum einen wird angenommen, dass innerhalb von Branchen in Bezug auf die Ressourcenausstattung der Unternehmen Heterogenität besteht, die den Unternehmen zur Verfügung stehenden Ressourcen also Unterschiede aufweisen. Die zweite Annahme bezieht sich darauf, dass in Bezug auf die von den Unternehmen einer Branche genutzten Ressourcen keine perfekte Mobilität besteht. Die Ressourcen sind demnach vollständig oder teilweise an Unternehmen gebunden.[56] In einem Pharmaunternehmen könnte dies beispielsweise ein Patent auf ein entwickeltes Medikament sein. Neben den physischen Ressourcen stellen die Humankapitalressourcen eines Unternehmens ebenfalls einen wichtigen Teil der Ressourcenausstattung dar. [57] Dazu zählen Facharbeiter aber auch ungelernte Hilfskräfte aller Unternehmenseinheiten. Mitarbeiter, die durch unbefristete Verträge an ein Unternehmen gebunden sind, stellen dabei für das Unter-

[53] Vgl. Bruhn (2009b), S. 63f.
[54] Vgl. Stauss (2000), S. 16.
[55] Vgl. Stauss/Friege (1999), S. 352.
[56] Vgl. Barney (1991), S. 101.
[57] Vgl. Barney (1991), S. 101.

nehmen eine langfristige Investition dar. Ihr Verlust würde für ein Unternehmen einen erheblichen Nutzenverlust darstellen, dessen Kompensation mit erheblichen Kosten verbunden wäre. Die Mitarbeiter bzw. ihre Leistungsfähigkeit können als Wert und somit als Teil des Anlagevermögens eines jeden Unternehmens gesehen werden.[58] *Barney* definiert Humankapital als „training, experience, judgement, intelligence, relationships, and insights of individual managers and workers in a firm".[59]

Damit eine Ressource einen nachhaltigen Wettbewerbsvorteil darstellen kann, müssen vier Voraussetzungen erfüllt sein. Die Ressource muss sowohl wertvoll und selten als auch schwer imitierbar und schwer substituierbar sein. Ist eine Ressource wertvoll und selten, so stellt sie einen Wettbewerbsvorteil dar, da ihr Einsatz zu einer erhöhten Effizienz und Effektivität führen kann.[60] Der Wert der Ressource ist dabei exogen gegeben und wird durch das wettbewerbliche Umfeld determiniert.[61] Da Wettbewerber solche wertvollen und seltenen Ressourcen allerdings imitieren oder substituieren können, stellen sie zwar bereits einen Wettbewerbsvorteil dar, dieser ist allerdings nur temporär. Um nachhaltig zu einem Wettbewerbsvorteil zu führen, muss die Ressource zwei weitere Kriterien erfüllen. Sobald auch die Kriterien der Nicht-Imitierbarkeit und Nicht-Substituierbarkeit erfüllt sind, kann von einem nachhaltigen Wettbewerbsvorteil gesprochen werden.[62]

Bezogen auf das Employer Branding stellen die aktuellen und potentiellen Mitarbeiter eines Unternehmens Humanressourcen dar, deren Einsatz zum Unternehmenserfolg betragen kann. Vor allem Mitarbeiter, deren Leistungen gemäß des Ressourcenorientierten Ansatzes schwer imitierbar bzw. substituierbar sind, müssen langfristig an ein Unternehmen gebunden bzw. für ein Unternehmen akquiriert werden, um den Unternehmenserfolg nachhaltig zu sichern. Ziel des Employer Branding ist es dabei den Arbeitgeber als „Employer of Choice" von seinen Wettbewerbern zu differenzieren, um intern Mitarbeiter zu binden und extern Mitarbeiter auf sich aufmerksam zu machen und zu rekrutieren.[63]

---

[58] Vgl. Penrose (1995), S. 24f.
[59] Barney (1991), S. 101.
[60] Vgl. Duschek/Sydow (2002), S. 2.; Barney (1991), S. 106.
[61] Vgl. Barney (2001), S. 42.
[62] Vgl. Barney (1991), S. 107ff.
[63] Vgl. Backhaus/Tikoo (2004), S. 503.

2.2.2. Die Theorie der sozialen Identität

Die Theorie der sozialen Identität (SIT) nimmt an, dass Individuen nach einem positiven Selbstkonzept streben. Das Selbstkonzept besteht dabei aus den zwei Komponenten der sozialen Identität und der personalen Identität.[64] Ausgangspunkt ist die Unterteilung der sozialen Welt in unterschiedliche Gruppen. Die Kategorisierung der Gruppen erfolgt anhand diverser Merkmale, wie bspw. Alter, Geschlecht, Religion oder Unternehmenszugehörigkeit. Ein Individuum ist demnach mehreren sozialen Gruppen zugehörig.[65] Die SIT unterscheidet zwischen sog. IN-Groups und OUT-Groups. Die IN-Groups bezeichnen diejenigen Gruppen, denen ein Individuum zugehörig ist und die OUT-Groups diejenigen Gruppen, denen ein Individuum nicht zugehörig ist. Prinzipiell gilt, dass Individuen ihre IN-Groups favorisieren und ihre OUT-Groups diskriminieren,[66] um ihre soziale Identität zu wahren.[67]

Soziale Identität wird in einem dreistufigen Prozess geformt und mündet in sozialer Distinktheit. In einem ersten Schritt erfolgt die soziale Kategorisierung. Hierbei wird bzgl. der sozialen Umwelt eines Individuums ein Ordnungssystem geschaffen. Das Individuum teilt systematisch seine Umwelt in IN-Groups und OUT-Groups und definiert so seinen Platz in der Gesellschaft.[68] Nach Abschluss dieses kognitiven Prozesses folgt der soziale Vergleich. Anhand relevanter Vergleichsdimensionen erfolgt ein Vergleich der eigenen IN-Group mit der oder den relevanten OUT-Group(s), die den Bezugsrahmen bilden. Ist die eigene Gruppe über- bzw. unterlegen, so ergibt sich als Ergebnis des sozialen Vergleichs eine positive bzw. negative soziale Identität.[69] Man unterscheidet in diesem Zusammenhang auch zwischen statussuperioren und statusinferioren Gruppen. Durch die Differenziertheit der unterschiedlichen Gruppen entsteht schließlich soziale Distinktheit. Annahme der SIT ist dabei, dass das Individuum nach positiver Distinktheit strebt, es also Gruppen angehören möchte, die vergleichbaren Gruppen überlegen sind und somit als „besser“ empfunden werden.[70]

---

[64] Vgl. Werpers (1999), S. 36.
[65] Vgl. Ashforth/ Mael (1989), S. 20ff.; Güttler (2003), S. 157ff.
[66] Vgl. Güttler (2003), S. 157.
[67] Vgl. Werpers (1999), S. 38.
[68] Vgl. Güttler (2003), S.157.
[69] Vgl. Werpers (1999), S. 37.
[70] Vgl. Tajfel (1981), S.157.

In Bezug auf Employer Branding bleibt festzuhalten, dass im Kontext der Theorie der sozialen Identität der Arbeitgeber bzw. das Arbeitsumfeld als Gruppe wahrgenommen wird, derer sich ein Arbeitnehmer zugehörig fühlt und mit der er sich identifiziert. Das Arbeitgeberimage nimmt dabei einen starken Einfluss auf die Ausprägung der positiven oder negativen sozialen Identität eines Arbeitnehmers. Dabei ist es bedeutend, dass ein Arbeitgeberimage bzw. dessen Wahrnehmung auch über die Grenzen des Arbeitsumfelds strahlen und Einfluss auf das Privatleben eines Arbeitnehmers nehmen kann. Die Ausgestaltung der Employer Brand hat somit eine zentrale Bedeutung im Hinblick auf die langfristige Bindung von Arbeitnehmern. Es ist dabei essentiell die Employer Brand so zu gestalten, dass der Arbeitnehmer sie als positiv und im Vergleich mit anderen als überlegen wahrnimmt. Die IN-Group der Arbeitnehmer eines Unternehmens wird dann als sozial distinkt wahrgenommen.[71]

Neben der Arbeitnehmerbindung spielt die Theorie der sozialen Identität auch eine zentrale Rolle bei der Arbeitnehmergewinnung. Dies wird vor allem deutlich, wenn man die durch die SIT postulierten Strategien zur Verbesserung der sozialen Identität fokussiert. Ein Individuum kann demnach seine soziale Identität durch soziale Mobilität, sozialen Wandel und soziale Kreativität verändern. Ist ein Individuum sozial mobil, so verändert es seine soziale Identität, indem es eine statusinferiore Gruppe verlässt und Mitglied einer statussuperioren Gruppe wird. Nutzt ein Individuum diese individualistische Möglichkeit, kann es ceteris paribus seine soziale Identität positiv verändern. Die Bezeichnungen der Gruppen bleiben demnach konstant. Soziale Mobilität ist vor allem dann eine Option, wenn sich ein Individuum mit seiner bisherigen IN-Group desidentifiziert. Übertragen auf das Phänomen der Employer Brand bedeutet dies, dass z.B. einer Verschlechterung des Images eines Arbeitgebers zu unerwünschter Mitarbeiterfluktuation führen kann. Neben der sozialen Mobilität ist der soziale Wandel eine weitere Strategie um die soziale Identität zu verändern. Das Ziel ist es dabei eine verbesserte Position der IN-Group durch sozialen Wettbewerb zu erreichen. Das Wertekontinuum, anhand dessen die Vergleichsdimensionen verglichen werden, bleibt dabei konstant. Ziel ist es, diejenigen Werte der IN-Group zu betonen, die ihre positive Distinktheit hervorheben, bzw. diejenigen, die die OUT-Group in einem schlechten Licht darstellen.[72] Eine weitere Option um die soziale Identität zu verändern stellt die soziale Kreativität dar. Diese beschreibt, wie

[71] Vgl. Dutton/Dukerich/Harquail (1994), S. 239ff.

[72] Vgl. Güttler (2003), S. 177.

die Wahrnehmung der eigenen Gruppe anhand verschiedener Möglichkeiten positiv gehalten werden kann. So können unter anderem die Vergleichsdimensionen neu definiert oder ursprüngliche Vergleichsdimensionen uminterpretiert werden, die dann positiv wahrgenommen werden. Des Weiteren ergibt sich die Möglichkeit eines abwärts gerichteten Vergleichs. Dabei werden neue OUT-Groups definiert, die im sozialen Vergleich schlechter abschneiden als die eigene IN-Group.[73] Die dargestellten Strategien sind auch für das Employer Branding relevant. Sowohl dem Prozess des sozialen Wandels, als auch dem der sozialen Kreativität muss durch Employer Branding Rechnung getragen werden. Dabei kann das Employer Branding selbst auf die genannten Strategien zurückgreifen, um die Wahrnehmung der Employer Brand sowohl in der IN-Group, im Hinblick auf bestehende Mitarbeiter, als auch in der OUT-Group, im Hinblick auf potentielle Mitarbeiter, positiv zu gestalten.

2.2.3. Die Theorie des psychologischen Vertrags

Eine weitere theoretische Fundierung des Phänomens Employer Branding bildet die Theorie des psychologischen Vertrags.[74] Dieser informelle Vertrag ist im Gegensatz zum formalen Arbeitsvertrag ein nicht niedergeschriebener Vertrag zwischen dem Arbeitnehmer und dem Arbeitgeber.[75] Im Rahmen der traditionellen Sichtweise definieren *Argyris* und *Schein* den psychologischen Vertrag als "reziproke Erwartungen zwischen einem individuellen Arbeitnehmer und seinem Arbeitgeber."[76] Die neue Sichtweise nach *Rousseau* erweitert diese Definition dahingehend, als dass sie den psychologischen Vertrag als „Glaube eines Individuums an reziproke Verpflichtungen" definiert.[77] Der Arbeitnehmer erhält im Austausch für seine Arbeitsleistung und Loyalität von seinem Arbeitgeber Arbeitsplatzsicherheit und eine angemessene Entlohnung. Die Reziprozität ist dabei die Basis für das Zustandekommen eines psychologischen Vertrags. *Rousseau* spricht in diesem Zusammenhang von einem unilateralen Glauben des Individuums an die Existenz des psychologischen Vertrags, der auftritt, wenn das Individuum für seine Leistung eine entsprechende Gegenleistung erhält. Diese Gegenleistung kann verschiedene Formen annehmen und kann z.B. aus einem offenen Ver-

[73] Vgl. Tajfel/Turner (1982), S. 43.
[74] Vgl. Backhaus/Tikoo (2004), S. 502.
[75] Vgl. Rousseau (1989), S. 123.; Barrow/Mosley (2005), S. 59.
[76] Rousseau (1989), S. 124.
[77] Rousseau (1990), S. 390.

sprechen bestehen. Dabei ist es für die Stärke des psychologischen Vertrags von eminenter Wichtigkeit, dass dieses Versprechen der Leistung des Arbeitnehmers vorrausgeht und nicht posterior ausgesprochen wird.[78]

In den letzten Jahren konnte festgestellt werden, dass der psychologische Vertrag einem Wandel ausgesetzt war.[79] Die Ursachen dieses Wandels gründen vornehmlich auf dem Phänomen der Globalisierung und dem Trend hin zur Wissensgesellschaft.[80] Als Konsequenz dieser Entwicklung spricht *Watson* in diesem Zusammenhang von einem New Deal, der sich zwischen Arbeitnehmer und Arbeitgeber ergibt.[81] Durch das sich wandelnde Arbeitsumfeld und einem zunehmenden Wettbewerb rückt der Begriff der Employability, der Beschäftigungsfähigkeit, in den Fokus.[82] Dies wird deutlich, wenn man die Entwicklung des psychologischen Vertrags von einem relationalen Vertrag hin zu einem transaktionalen Vertrag betrachtet. Während der relationale Vertrag auf Vertrauen und Loyalität fußt, so basiert der transaktionale Vertrag auf einer eingeschränkten Verweildauer beim Arbeitgeber und einem niedrigeren Involvement seitens des Arbeitnehmers.[83] Diese Entwicklung führt zu einer negativ behafteten Wahrnehmung der „Beschäftigungsrealität, in der Unternehmen diejenigen Nutzenkomponenten bewerben, die sie […] anbieten, wie z.B. Weiterbildung, Karrierechancen sowie persönliche Wachstums- und Entwicklungsmöglichkeiten."[84] Die Employer Brand kann somit dahingehend genutzt werden, um die genannten Komponenten zu bewerben und um vorhandenen und potentiellen Arbeitnehmern die Chancen zur Steigerung ihrer eigenen Employability aufzuzeigen. Dadurch kann eine erhöhte Mitarbeiterbindung erreicht werden. Im Gegenzug für seine Loyalität und Arbeitsleistung erwartet der Arbeitnehmer von seinem Arbeitgeber die Möglichkeit zu bekommen sich weiter zu entwickeln und somit den eigenen Marktwert zu steigern. Die Beziehung zwischen Arbeitnehmer und Arbeitgeber erfährt durch diesen Wandel eine starke Individualisierung und Flexibilisierung. Es kann dabei als problematisch angesehen werden, dass Arbeitnehmer in ökonomischen Hochphasen und einer damit verbundenen Knappheit an Fachkräften eine besonders starke Verhandlungsposition einneh-

---

[78] Vgl. Rousseau (1989), S. 124.
[79] Vgl. Blomme/van Rheede/Tromp, S. 145.
[80] Vgl. Rump/Eiler (2006), S. 14.
[81] Vgl. Watson (2001), S. 58.
[82] Vgl. Blomme/van Rheede/Tromp, S. 145.
[83] Vgl. Scholarius et al. (2008), S. 1036.
[84] Backhaus/Tikoo, S. 504.

men. Für einen Arbeitgeber besteht die beachtliche Gefahr, dass der Arbeitnehmer sich, zu Lasten seiner Loyalität, auf seine Employability konzentriert.[85]

Grundsätzlich gilt der psychologische Vertrag als gewahrt, so lange ein Gleichgewicht zwischen den ausgetauschten Leistungen der Vertragsparteien besteht. Mit einem besonderen Augenmerk sollte daher jegliche Veränderung der aufmerksam verfolgt werden, ob sie nun die persönliche Einstellung einer Vertragspartei oder etwaige Umweltveränderungen betrifft.[86] So kann bspw. eine veränderte Unternehmenskultur, die aus einem Unternehmensentwicklungsprozess entsteht eine „schwierige Gratwanderung" sein.[87] Die Unternehmenskultur bietet Mitarbeitern eine Orientierungsfunktion, da sie die gegenseitigen Erwartungen, Normen und Regeln vermittelt und so einen wesentlichen Beitrag zur Festigkeit von psychologischen Verträgen beiträgt.[88] Eine Änderung der Unternehmenskultur könnte schlimmstenfalls zu einem Bruch des psychologischen Vertrags führen. In Anbetracht von sich ständig wandelnden Umständen in denen sich Unternehmen, respektive Arbeitgeber befinden, besteht die Notwendigkeit einer kontinuierlichen Überprüfung und etwaigen Anpassung der Erwartungen und Gegenleistungen. Auf Grund der sich daraus ergebenden Änderungen des psychologischen Vertrags, erhöht sich dadurch die Wahrscheinlichkeit, dass Arbeitnehmer einen Bruch des psychologischen Vertrags wahrnehmen, da bisherige Gegenleistungen wegfallen oder durch andere ersetzt werden. Dabei basiert der arbeitnehmerseitige Glaube an einen Vertragsbruch auf rein subjektiven Wahrnehmungen. Dazu ist es nicht nötig, dass ein Bruch des psychologischen Vertrags tatsächlich vorliegt.[89] Im Rahmen des Employer Branding besteht daher die Notwendigkeit für Arbeitgeber diejenigen Angebote zu kommunizieren, die sie ihren Arbeitnehmern machen. Dadurch kann gewährleistet werden, dass der Arbeitgeber weiter als attraktiv angesehen wird und die Gegenleistungen, die er bietet, dem Arbeitnehmer bekannt sind.[90] So kann dem Mitarbeiter verdeutlicht werden, inwiefern er durch seine Beschäftigung profitiert und somit der psychologische Vertrag zwischen Arbeitnehmer und Arbeitgeber gefestigt werden.

---

[85] Vgl. Blomme/van Rheede/Tromp, S. 145.
[86] Vgl. Schumacher/Geschwill (2009), S. 47.
[87] Schumacher/Geschwill (2009), S. 47.
[88] Vgl. Schumacher/Geschwill (2009), S. 47.
[89] Vgl. Robinson (1996), S. 574ff.
[90] Vgl. Backhaus/Tikoo (2004), S. 504.

2.2.4. Der Brand Equity Ansatz

Der Begriff Brand Equity beschreibt eine monetäre Größe, die den Wert einer Marke misst. Folgt man *Aaker* so kann man Brand Equity als „ein Set von Vermögenswerten (und Verbindlichkeiten), das verbunden mit Markenname und Markensymbol den Wert des angebotenen Produkts oder der angebotenen Dienstleistung steigert (mindert)“ definieren.[91] Brand Equity ist der einzigartige zusätzliche monetäre Nutzen, der durch die Vermarktung eines Produkts oder einer Dienstleistung in Verbindung mit der Marke, im Vergleich zur Vermarktung des identischen Produktes oder der identischen Dienstleistung ohne die Marke, entsteht.[92] Die Bewertung von Marken ist bspw. im Rahmen der Rechnungslegung, zur Ermittlung des Unternehmenswerts im Rahmen von Mergers & Acquisitions, aber auch für die Markenlizenzierung und im Falle von Markenrechtsverletzungen relevant.[93] Aber auch für das Markencontrolling stellt Brand Equity eine wichtige Kennzahl dar anhand derer das weitere Markenmanagement geplant und auch kontrolliert wird.[94] Zur Ermittlung von Brand Equity kann eine Vielzahl von Verfahren herangezogen werden.[95] Bei den Verfahren zur Messung von Brand Equity kann zwischen finanzorientierten, verhaltenswissenschaftlichen und kombinativ-zweistufigen Verfahren unterschieden werden. Die finanzorientierten Verfahren ermitteln Brand Equity kapitalwertorientiert bzw. auf Kosten- oder Ertragswertbasis. Als Beispiel für finanzorientierte Verfahren sind das Börsenwertmodell nach *Simon* und *Sullivan* oder auch das Lizenzwertmodell nach *Consor* zu nennen.[96] Die finanzorientierten Ansätze ermitteln den Markenwert quantitativ und ohne die Einbindung der Konsumentenperspektive. Der auf diese Weise ermittelte monetäre Wert einer Marke ist vor allem in Fällen von Markenveräußerungen, Lizenzvergaben oder für die Ermittlung von Schadenssummen im Fall von Markenrechtsverletzungen als Referenzgröße heranzuziehen. Der Markenwert wird finanzwirtschaftlich auch als Barwert der zukünftigen Einzahlungsüberschüsse definiert, die durch eine Marke erwirtschaftet werden.[97]

[91] Aaker (1996), S. 7f.
[92] Vgl. Keller (1993), S. 1.
[93] Vgl. Keller (1993), S. 1f.; Vgl. Bauer/Stokburger/Hammerschmidt (2006), S. 190ff.
[94] Vgl. Bauer/Stokburger/Hammerschmidt (2006), S. 191.
[95] Vgl. Bauer/Stokburger/Hammerschmidt (2006), S. 195.; o.V., Absatzwirtschaft (2002), S. 98ff.
[96] Vgl. Esch (2008), S. 923.; Bauer/Stokburger/Hammerschmidt (2006), S. 200ff.
[97] Vgl. Sponheuer (2010), S. 42.

Für die Ermittlung eines qualitativen Markenwerts ist der Rückgriff auf verhaltenswissenschaftliche Verfahren lohnenswert.[98] Zu ihnen zählen u.a. der Ansatz nach *Keller* oder der Markeneisberg von *icon.* Die verhaltenswissenschaftlichen Verfahren ermitteln den Markenwert anhand von Scoring-Modellen durch die Nutzung verschiedener Indikatoren. Der Markeneisberg greift dabei neben anderen Indikatoren auch auf das Markenbild, das Markenguthaben und die Markenbekanntheit zurück.[99] Das verhaltenswissenschaftliche Begriffsverständnis des Markenwerts basiert auf den verschiedenen Reaktionen auf Marketingmaßnahmen einer Marke im Vergleich zu Reaktionen auf die gleichen Maßnahmen für eine fiktive Marke. Fällt auf Grund der fehlenden Vorkenntnisse bzw. fehlenden Markenvorstellung in Bezug auf die fiktive Marke, die Reaktion auf diese geringer bzw. negativer aus als die Reaktion auf die Marke, so kann der Marke ein Mehrwert zu gesprochen werden.[100] Die verhaltenswissenschaftlichen Ansätze finden insbesondere bei der Planung und Gestaltung von Markenführungsinstrumenten Anwendung.[101]

Einen sowohl quantitativen als auch qualitativen Markenwert ermitteln kombinativ-zweistufige Verfahren wie z.B. das Modell von *Interbrand* oder der Brand Performancer von *Nielsen.* Die Vorteile der kombinativ-zweistufigen Verfahren sind vor allem in der Ermittlung eines monetär quantifizierbaren Markenwerts und der Tatsache zu sehen, dass dieser sowohl quantitativer als auch qualitativer Natur ist.[102] Im Rahmen des Controllings des Employer Branding dient der Markenwert als wichtiger Indikator. So kann er zur Erfolgsmessung im Hinblick auf die Einhaltung zuvor definierter Marketing und Kommunikationsziele herangezogen werden.[103] Der kombinativ-zweistufig ermittelte Markenwert ist ein ganzheitlicher Markenwert, der zur Bewertung des gesamten Markenmanagementprozesses herangezogen werden kann. Allerdings ist mit der Anwendung eines kombinativ-zweistufigen Verfahrens auch ein höherer Aufwand verbunden.[104]

---

[98] Vgl. Bauer/Stokburger/Hammerschmidt (2006), S. 203.
[99] Vgl. Esch (2008), S. 923ff.
[100] Vgl. Sponheuer (2010), S. 42.
[101] Vgl. Bauer/Stokburger/Hammerschmidt (2006), S. 223f.
[102] Vgl. Bauer/Stokburger/Hammerschmidt (2006), S. 205f.
[103] Vgl. Poth/Poth/Pradel (2008), S. 247.
[104] Vgl. Bauer/Stokburger/Hammerschmidt (2006), S. 224.

2.2.5. Der Prinzipal-Agenten-Ansatz

Das Employer Branding wirkt sich sowohl auf aktuelle als auch auf potentielle Arbeitnehmer aus. Dabei zielen die Aktivitäten des Employer Branding, wie bereits zu Beginn dieses Kapitels dargelegt wurde, auf die Erhöhung der Markenbekanntheit bzw. auf die Erhöhung der Markenattraktivität der Arbeitgebermarke ab. [105] Sowohl in Bezug auf potentielle als auch auf aktuelle Arbeitnehmer lässt sich die Relevanz des Employer Branding mit Hilfe der, aus der Neuen Institutionenökonomik entstammenden, Prinzipal-Agent-Theorie veranschaulichen.[106] Im Kontext der Theorie ist der Arbeitgeber als Prinzipal und der Arbeitnehmer als Agent anzusehen.[107] Das Verhältnis zwischen den beiden Parteien ist vertraglich geregelt und wird durch die zentrale Annahme der Informationsasymmetrie geprägt.[108] Das Verhältnis zwischen Arbeitgeber und (potentiellem) Arbeitnehmer wird dabei durch eine ungleiche Verteilung der Information über die jeweils andere (potentielle) Vertragspartei und der daraus folgenden Informationsasymmetrie determiniert.[109] Potentiellen Arbeitnehmern fehlt es z.B. an Informationen zu Arbeitsklima oder Karrieremöglichkeiten.[110] Sie besitzen keine vollständige Information über die Qualität der ihnen angebotenen Arbeit.[111] Man spricht in diesem Zusammenhang von dem Problem der Hidden Characteristics. Ex ante, also vor dem Vertragsabschluss, verfügen sowohl der Prinzipal, als auch der Agent über Charaktereigenschaften, die dem Vertragspartner verborgen bleiben. Dies führt zu adverser Selektion, die das Risiko der Auswahl unerwünschter risikoreicher Vertragspartner mit sich bringt.[112] Ex post, nach Vertragsabschluss, kann in Bezug auf das Verhältnis zwischen aktuellen Arbeitnehmern (Agenten) und dem Arbeitgeber (Prinzipal) die Problematik der Hidden Action bzw. der Hidden Information emergieren.[113] Dies führt zu Moral Hazard. Der Prinzipal erhält auf Grund der Hidden Action keine Informationen über die Art und Weise, wie der Agent seine Arbeit ausführt und kann lediglich den Output des Agenten bewerten. Dabei nimmt die Prinzipal-Agenten-Theorie an, dass der Agent seinen individuellen Nutzen zu maximieren versucht.[114] Dies kann auch auf Kosten des Prinzipals geschehen. Dieser kann allerdings von einem

[105] Vgl. Backhaus/Tikoo (2004), S. 504.
[106] Vgl. Thommen/Achleitner (2005), S. 806f.
[107] Vgl. Ross (1973), S. 134.; Schreyögg (2008), S. 66.
[108] Vgl. Thommen/Achleitner (2005), S. 808.
[109] Vgl. Wilden/Gugergan/Lings (2006), S. 1.
[110] Vgl. Wilden/Gugergan/Lings (2006), S. 1f.
[111] Vgl. Nelson (1970), S. 311.
[112] Vgl. Aplarslan (2006), S. 21f.; Arnott/Stiglitz (1988), S. 535ff.
[113] Vgl. Aplarslan (2006), S. 27f.
[114] Vgl. Arnott/Stiglitz (1988), S. 345f.

schlechten Output nicht auf eine, zu seinen Ungunsten ausgeführte, Aktion des Agenten zurückschließen, da generell externe Störgrößen in die Outputerstellung einfließen.[115] Es entsteht ein Zurechnungsproblem, da sowohl der Agent, die externe Störgröße, als auch eine Kombination von beiden als Ursache der „Ergebnisschlechtheit" angesehen werden kann.[116] Der Erfolg von Employer Branding kann im Zeitablauf durch das Brand Equity Konzept gemessen werden.[117] Dem Aufbau von Brand Equity vorausgehend, ist der Nutzen den ein (potentieller) Arbeitnehmer durch eine (potentielle) Beschäftigung wahrnimmt. *Berthon, Ewing* und *Hah* benennen diesen Nutzen mit „Employer Attractiveness".[118] Des Weiteren stelstellen die Autoren einen kausalen Zusammenhang zwischen Employer Brand Equity und Employer Attractiveness fest.[119] Im Kontext des Recruitings kann durch Employer Branding und dem damit verbundenen Aufbau von Employer Attractiveness die Wahrnehmung durch potentielle Arbeitnehmer durch zielgerichtetes Marketing gesteuert werden.[120] Der Employer Brand wird dabei ein effektiver Signaling Effekt zugesprochen, der hilft die vorhandenen Informationsasymmetrien zwischen Arbeitnehmer und Arbeitgeber zu überwinden.[121] Somit kann adverser Selektion im Rahmen des Recruitings entgegengewirkt werden. Employer Branding unterstützt somit die Entstehung der Arbeitgeberidentität. Durch Maßnahmen im Bereich Recruiting kann somit erreicht werden, dass sich vor allem potentielle Arbeitnehmer bewerben, die individuell bereits einen Fit zwischen sich selbst und dem Arbeitgeber feststellen konnten. Aber auch für die Mitarbeiterbindung spielt Employer Branding eine manifeste Rolle. Durch den Aufbau einer Markenidentität kann die Loyalität und das Vertrauen in den Arbeitgeber verbessert werden. Durch die gestiegene Loyalität, kann dann das Risiko des Moral Hazards verringert werden.[122]

[115] Vgl. Alparslan (2006), S. 27.
[116] Alparslan (2006), S. 27.
[117] Vgl. Backhaus/Tikoo (2004), S. 504.
[118] Berthon/Ewing/Hah (2005), S. 156.
[119] Vgl. Berthon/Ewing/Hah (2005), S. 156.
[120] Vgl. Keller (1993), S. 2.
[121] Vgl. Tsao/Pitt/Berthon (2006), S. 401f.
[122] Vgl. Wilder/Gudergan/Lings (2006), S. 4f.

3. Konzeptualisierung eines Untersuchungsmodells zur Analyse von Employer Branding

3.1. Einflussgrößen auf Employer Attractiveness

3.1.1. Interest Value

Im Folgenden wird unter Interest Value der Grad verstanden, mit dem ein Arbeitgeber die Kreativität seiner Angestellten nutzt um in einer besonders guten Arbeitsatmosphäre innovative Produkte oder Dienstleistungen herzustellen die von besonderer Qualität sind.[123] Folgt man *Kano*, so unterscheidet man bei der Beurteilung einer angebotenen Leistung zwischen verschiedenen Faktoren, die sich unterschiedlich auf die Zufriedenheit eines Konsumenten auswirken. Es kann zwischen drei Faktoren bzw. Anforderungen unterschieden werden. Basisanforderungen stellen „Muss-Anforderungen" dar.[124] Sie werden als selbstverständlich angesehen, werden deshalb nicht artikuliert, sondern als implizit gegeben angenommen und haben keine Auswirkungen auf Größen wie z.B. Loyalität oder Vertrauen. Allerdings führt ein Mangel an Basisanforderungen zu Unzufriedenheit seitens des Konsumenten.[125] Leistungsfaktoren dagegen werden als „Soll-Anforderungen" angesehen.[126] Sie werden durch den Konsumenten artikuliert, sind spezifisch und messbar und wirken sich sowohl negativ, als auch positiv auf Größen wie z.B. Loyalität oder Vertrauen aus. Darüber hinaus stellen Begeisterungsanforderungen Produktmerkmale dar, die vorhanden sein können. Sie werden durch potentielle Verbraucher nicht erwartet und wirken begeisternd wenn sie vorhanden sind. Auf Grund der fehlenden Erwartungshaltung gegenüber den Begeisterungsmerkmalen wirken sich diese lediglich positiv auf Folgegrößen wie Loyalität oder Vertrauen aus.[127] Die Beurteilung eines Arbeitgebers durch einen (potentiellen) Arbeitnehmer erfolgt, folgt man dem Prinzipal-Agenten-Ansatz, unter Unsicherheit und asymmetrischer Informationsverteilung. Vor einem Vertragsabschluss im Recruiting-Fall sieht sich der potentielle Arbeitnehmer mit Hidden Characteristics konfrontiert. Er hat keinen vollständigen Einblick in den Charakter des potentiellen Arbeitgebers und sieht sich dem Risiko adverser Selektion gegenüber. Aktuelle Arbeitnehmer sehen sich mit Hidden Actions und Hidden Intensions konfrontiert. Handlungen seitens des Arbeitgebers bleiben unbeobachtet und wirken sich nachteilig auf den Arbeitnehmer aus; es besteht die Gefahr des Moral Hazard. Legt der Arbeitgeber seine Hand-

[123] Vgl. Berthon/Ewing/Hah (2005), S. 159.
[124] Bruhn (2009), S. 70.
[125] Vgl. Bruhn (2009a), S. 70f.
[126] Bruhn (2009a), S. 70.
[127] Vgl. Bruhn (2009a), S. 70f.

lungen offen, die sich nachteilig auf den Arbeitnehmer auswirken, so besteht die Gefahr des Hold-Up[128] das im Deutschen mit Ausbeutungsrisiko bezeichnet wird.[129] Im Rahmen der Bildung eines Vertrauenswürdigkeitsurteils seitens eines (potentiellen) Arbeitnehmers wirkt sich die vorhandene Informationsasymmetrie nachteilig aus. Um zusätzliche Informationen zu sammeln, wird die Leistungs-/Produktqualität bzw. die Leistungs-/Produktzufriedenheit als Referenz für die Beurteilung herangezogen. Im Rahmen des Dienstleistungsmarketings erfolgt die Vertrauenswürdigkeitsbildung bei mangelnder Erfahrung mit einem Anbieter oftmals anhand der Reputation, die dann als Maßstab herangezogen wird.[130] In ihrer Studie zur Employer Brand beschreiben *Ambler* und *Barrow* einen Kreislauf, der die Beziehung zwischen Produkt-/Dienstleistungsqualität und der Qualität der Arbeitnehmer bzw. Bewerber darstellt. So führt eine gute Produkt/-Dienstleistungsqualität zu einem guten Word of Mouth. Durch das Word of Mouth werden wiederum gute Bewerber angezogen, aus denen die Besten herausgefiltert werden können. Diese sog. Top Talents tragen auf Grund ihrer Qualifikation dazu bei, dass die Produkt-/Dienstleistungsqualität gesichert bzw. verbessert werden kann.[131] In der vorliegenden Untersuchung wird daher folgende Hypothese postuliert:

H_1: Interest Value hat einen positiv signifikanten Einfluss auf Employer Attractiveness.

3.1.2. Social Value

Social Value beschreibt das Vorhandensein einer Teamatmosphäre sowie die Intensität von kollegialen Beziehungen.[132] Der individuellen Motivation eines Arbeitnehmers liegt das Streben nach Bedürfnisbefriedigung zugrunde. Folgt man *Maslow*, so lassen sich die Bedürfnisse eines Individuums in unterschiedliche Hierarchieebenen einordnen. Die unteren

[128] Hold-Up beschreibt ein Risiko nach dem Prinzipal-Agenten-Ansatz. Dabei tätigt der Prinzipal eine Investition die irreversibel ist. Dies hat zur Folge, dass er in ein Abhängigkeitsverhältnis zum Agenten gerät und in Folge dessen sein Drohpotential gegenüber dem Agenten verliert. Er kann diesen dann nicht mehr zu einem bestimmten Verhalten forcieren. Ein Hold-Up tritt dann ein wenn sich der Agent, auf Grund der Situation, einen Vorteil auf Kosten des Prinzipals verschafft.

[129] Vgl. Bruhn (2009a), S. 26f.

[130] Vgl. Bouncken (2000), S. 7.

[131] Vgl. Ambler/Barrow (1996), S. 185f.

[132] Vgl. Berthon/Ewing/Hah (2005), S. 159.

Hierarchieebenen der Bedürfnisse stellen dabei Defizitbedürfnisse dar, deren Befriedigung für das Individuum besonders relevant ist. Die Bedürfnisse werden demnach von den unteren Ebenen beginnend nach oben hin befriedigt.[133] Dabei muss beachtet werden, dass die physiologischen Bedürfnisse Deprivationszyklen unterliegen, sie daher immer wieder neu emergie-emergieren, wie z.B. Hunger. Auf Grund des Regressionsprinzips erfolgt daher der Aufstieg in höhere Bedürfnisse bereits wenn die Bedürfnisbefriedigungsmöglichkeit für die unteren Bedürfnisse gegeben ist.[134] *Abbildung 2* zeigt die „Bedürfnispyramide nach Maslow". Oberste Priorität hat für ein Individuum die Befriediung physiologischer Bedürfnisse, gefolgt von der Befriedung von Sicherheits-, sozialen und Wertschätzungsbedürfnissen.[135] Die genannten Bedürfnisse stellen allesamt Defizitmotive dar.

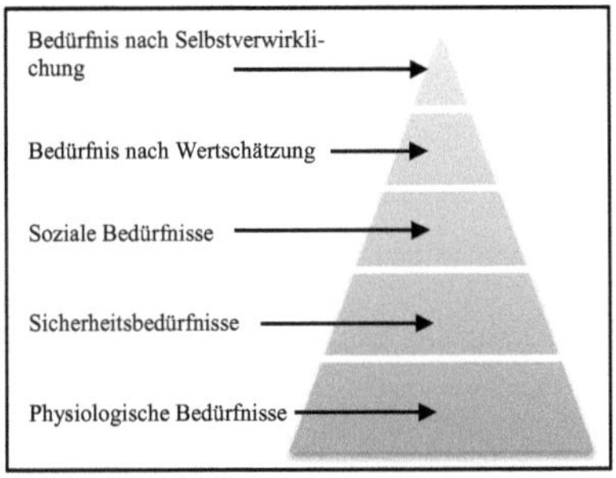

Abbildung 2: Maslows Bedürfnispyramide[136]

Diese Bedürfnisse stellen somit, folgt man der 2-Faktoren-Theorie, sog. Hygienefaktoren dar. Sind diese Faktoren nicht vorhanden oder nur unzureichend ausgeprägt, so stellt sich Unzufriedenheit auf Seiten des Individuums ein.[137] Auf der obersten Hierarchieebene der Pyramide ist letztlich das Bedürfnis nach Selbstverwirklichung zu finden, das ein Wachstumsmotiv darstellt. *Herzberg* sieht dieses Bedürfnis als Motivator, dessen Befriedigung zu Zufriedenheit führt.[138] Im Allgemeinen unterscheidet die 2-Faktoren-Theorie nach *Herzberg* zwischen Hygienefaktoren und Motivatoren im Hinblick auf Arbeitsmotivation. Faktoren, die zu Arbeitsunzufriedenheit bzw. zu Arbeitszufriedenheit führen, sind dabei strikt voneinander zu trennen. *Herzberg* postuliert, dass Faktoren die zu Arbeitszufriedenheit führen, bei nicht vorhanden sein zu Nicht-Arbeitszufriedenheit führen, jedoch nicht zu Arbeitsunzufriedenheit und vice versa. Zu den Hygienefaktoren zählt *Herzberg* auch soziale Komponenten, wie z.B. Beziehungen zu Kollegen oder Vorgesetzten oder allgemeine Arbeitsbedingungen, während er zu den Motivatoren Faktoren wie z.B. Anerkennung durch Andere, Verantwortung gegenüber

---

[133] Vgl. Maslow (1943), S. 370ff.
[134] Vgl. Schreyögg (2008), S. 190.
[135] Vgl. Maslow (1943), S. 372ff.
[136] Eigene Abbildung in Anlehnung an Kotler et al. (2007), S. 327.
[137] Vgl. Herzberg (1968), S. 18ff.
[138] Vgl. Herzberg (1993), S. 113ff.

Anderen und berufliches Weiterkommen zählt.[139] Im Hinblick auf die soziale Komponente einer Employer Brand und der Befriedigung sozialer Bedürfnisse, wird das Bedürfnis von Individuen nach sozialen Kontakten und Beziehungen deutlich. Bezüglich eines Arbeitsverhältnisses geschieht dies durch das Streben eines Arbeitnehmers nach guten Beziehungen oder Kontakten zu Kollegen, Vorgesetzten und Kunden sowie nach deren Anerkennung. Die Befriedigung dieses sozialen Bedürfnisses, so *Maslow*, führt zu einem erhöhten Selbstwertgefühl und dem Gefühl einen entscheidenden Beitrag für die Gruppe zu leisten.[140] Darüber hinaus nimmt das Streben eines Arbeitnehmers nach Selbstverwirklichung im Hinblick auf seine Bedürfnisse eine zentrale Rolle ein. Aufgrund der *Motivationstheorie* nach *Maslow* und der *2-Faktorentheorie* nach *Herzberg* wird daher folgende Hypothese aufgestellt:

H_2: Social Value hat einen positiv signifikanten Einfluss auf Employer Attractiveness.

3.1.3. Economic Value

Als Economic Value wird im weiteren Verlauf das allgemeine Vergütungspaket, ein überdurchschnittliches Gehalt sowie Arbeitsplatzsicherheit verstanden.[141] Das der Wirtschaftstheorie entstammende Menschenbild des Homo Oeconomicus beschreibt den Menschen als Nutzenmaximierer. Der Homo Oeconomicus handelt stets rational und im Bewusstsein seiner Präferenzordnung.[142] Allerdings sieht sich der Homo Oeconomicus dabei mit Restriktionen konfrontiert. Sein Einkommen, die Marktpreise, rechtliche Rahmenbedingungen und die Handlungen anderer bestimmen, neben seiner Präferenzordnung, das Alternativenbündel, aus dem der Homo Oeconomicus sein nutzenmaximierendes Güterbündel, unter Unsicherheit, wählt.[143] Auch das Arbeitsangebot des Individuums erfolgt unter dem Gesichtspunkt seiner individuellen Nutzenfunktion. Der Nutzen ist dabei eine Funktion, die durch beobachtbare individuelle Charakteristika, nicht beobachtbare individuelle Präferenzen, den verfügbaren Konsumgütern und der Freizeit des Individuums determiniert wird. Die stati-

[139] Vgl. Herzberg (1968), S. 19.
[140] Vgl. Maslow (1987), S. 21f.
[141] Vgl. Berthon/Ewing/Hah (2005), S. 159, S. 162.
[142] Vgl. Faber/Petersen/Schiller (2002), S. 324.
[143] Vgl. Kirchgässer (2008), S. 12f.

sche Arbeitsmarktökonomik geht davon aus, dass ein Individuum seine verfügbare Zeit in Arbeitszeit und Freizeit teilt. Die Relation Arbeitszeit und Freizeit bzw. die Intensität des Angebots wird durch den Reallohn, dem Verhältnis von Lohn zu dem vorherrschenden Preisni-Preisniveau bestimmt. Ein Angebot von Arbeit durch das Individuum findet statt, sobald das Verhältnis von Grenznutzen der Freizeit zu Grenznutzen des Konsumgüterbündels dem Reallohn entspricht. Übersteigt es den Reallohn, so findet kein Arbeitsangebot mehr statt, da der zusätzliche Nutzen der Arbeit geringer wäre, als der zusätzliche Nutzen von Freizeit.[144] Findet ein Arbeitsangebot statt, so erhält das Individuum im Gegenzug zu seiner geleisteten Arbeit ein Entgelt, das neben weiteren Komponenten wie z.B. Transferzahlungen sein Budget M bildet. Das Budget nutzt das Individuum zum Konsum verschiedenster Güter X_i zum Preis P_i. Der Konsum wird durch die Budgetrestriktion $(M \geq \sum_{i=1}^{n} x_i \, p_i)$ bestimmt. Kombinationen von Gütern, die einem Individuum den gleichen Nutzen stiften, zwischen denen es also indifferent ist, sind Teil der gleichen Indifferenzklasse. Da das Individuum gemäß dem Menschenbild des Homo Oeconomicus seinen Nutzen maximiert, wählt es diejenige Indifferenzklasse anhand derer es unter Berücksichtigung seiner Budgetrestriktion seinen Nutzen maximiert. Das optimale Güterbündel findet sich im Tangentialpunkt von der, aus der Budgetrestriktion abgeleiteten, Budgetgeraden mit der nutzenmaximierenden Indifferenzkurve.[145]

Betrachtet man das Vergütungspaket, das ein Arbeitnehmer von seinem Arbeitgeber erhält, so kann die Vergütung aus monetären regelmäßigen und unregelmäßigen Zahlungen, aber auch aus nichtmonetären Zuwendungen bestehen.[146] Im Rahmen von monetären Zuwendungen kann durch eine unregelmäßige Zahlung, wie z.B. eine Erfolgsbeteiligung, der Arbeitnehmer kurzfristig sein Budget erhöhen und dadurch eine höhere Indifferenzklasse und somit ein höheres Nutzenniveau realisieren. Im Rahmen von Lohnsteigerungen kann dieser höhere Nutzen auch mittel- bis langfristig gehalten werden. Auch nichtmonetäre Zuwendungen, die ein Arbeitnehmer im Rahmen seiner Tätigkeit erhält, können zu einem Nutzenzuwachs führen, da dem Arbeitnehmer zusätzliche Güter zur Verfügung stehen, die keine Berücksichtigung im Rahmen der Budgetplanung erfordern. Im Rahmen der vorliegenden Studie wird daher fol-

---

[144] Vgl. Franz (2008), S. 28ff.
[145] Vgl. Breyer (2008), S. 127f.
[146] Vgl. Becker et al. (2011).

gender Zusammenhang zwischen dem Vergütungspaket und der Employer Attractiveness unterstellt:

H_3: Economic Value hat einen positiv signifikanten Einfluss auf Employer Attractiveness.

3.1.4. Development Value

Unter Development Value wird im Folgenden die Zufriedenheit der Arbeitnehmer im Hinblick auf karrierefördernde Maßnahmen verstanden. Dabei wird angenommen, dass der Arbeitgeber immer auch im Hinblick auf seine Funktion als „Karrieresprungbrett“ evaluiert wird.[147] In Kapitel 2.3.3 wurde bereits auf die Relevanz des psychologischen Vertrags im Kontext des Employer Branding hingewiesen. Zu den Obliegenheiten des Arbeitgebers zählen im Rahmen des psychologischen Vertrags neben der Entlohnung unter anderem Faktoren wie Fortbildungs- und Karrieremöglichkeiten.[148] Diese Faktoren stellen zentrale Komponenten des psychologischen Vertrags dar, denen eine hohe Motivationskraft zugeschrieben wird.[149]

Die Wichtigkeit von Karrierekomponenten des psychologischen Vertrags erfährt vor allem vor dem Hintergrund einer sich wandelnden Unternehmensumwelt einen Bedeutungszuwachs. Der technologische Fortschritt der letzten Jahrzehnte hat Kommunikation, Transport und Reisen für die ganze Welt wesentlich vereinfacht und zu einen Zusammenwachsen der Märkte geführt. Als Folge dessen entstanden zum einen neue potentielle Absatzmärkte, die es zu erschließen galt, zum anderen sahen sich Unternehmen gleichzeitig mit neuen internationalen Konkurrenten konfrontiert. Dies führte von einem lokalen, auf den Heimatmarkt beschränkten Wettbewerb zu einem globalen Wettbewerb. Eben diese Entwicklung hat Auswirkungen auf diverse betriebswirtschaftliche Kernfunktionen eines Unternehmens, auch auf das Personalwesen.[150] Folgt man *Levitts* Globalisierungsthese, so kann man in Folge der globalen Annäherung von Konsumentenverhalten von einem homogenisierten Weltmarkt sprechen, in

[147] Vgl. Berthon/Ewing/Hah (2005), S. 162.
[148] Vgl. Robinson (1996), S. 576.
[149] Vgl. Scholarios et al. (2008), S. 1036.
[150] Vgl. Levitt (1983), S. 92 ff.

dem Ländergrenzen mehr und mehr an Bedeutung verlieren und lokale und kulturelle Differenzen der Gewohnheiten bzw. Präferenzen mehr und mehr miteinander verschmelzen. Durch die Standardisierung von Produkten, Produktionsabläufen und Arbeitsprozessen können Kosten- und Erlösvorteile realisiert werden.[151] In Folge dessen sehen sich Arbeitnehmer immer öfter mit einem sich wandelnden Arbeitsumfeld konfrontiert. Ihre Arbeitsaufgaben ändern sich oder ihre Stellen werden im Zuge von Outsourcing aus dem Unternehmen heraus transferiert. Der Arbeitnehmer sieht sich mit sinkender Beschäftigungssicherheit konfrontiert. Das Konzept der Employability erfährt in diesem Kontext einen Bedeutungszuwachs.[152] Für einen Arbeitnehmer gilt es seine Beschäftigungsfähigkeit durch entsprechende Fortbildungs- und Karrieremöglichkeiten zu erhalten und auszubauen. Somit sichert er langfristig seinen Marktwert im Hinblick auf den unternehmensinternen und unternehmensexternen Arbeitsmarkt.[153]

Vor diesem Hintergrund wird angenommen, dass im Rahmen des psychologischen Vertrags die Arbeitsplatzsicherheit durch Employability substituiert wird. Im Austausch für ihre Leistungen und ihr Commitment unterstützt der Arbeitgeber seine Arbeitnehmer bei der Weiterentwicklung ihrer Beschäftigungsfähigkeit.[154] *Goshal* und *Moran* zählen dazu die Weiterentwicklung von Fähigkeiten, die Steigerung der unternehmensinternen Einsatzflexibilität als auch die Wahrung und Steigerung der externen Arbeitsmarktchancen.[155] Auf Grund der dargelegten Zusammenhänge wird im Rahmen der Untersuchung folgende Hypothese postuliert:

H_4: Development Value hat einen positiv signifikanten Einfluss auf Employer Attractiveness.

[151] Vgl. Levitt (1983), S. 92 ff.
[152] Vgl. Lehmann/Uepping (2001), S. 84.
[153] Vgl. Blomme (2010), S. 145.
[154] Vgl. Lombriser/Lehmann (2001), S. 35.
[155] Vgl. Goshal (2000), S. 179.

3.1.5. Application Value

Als Application Value wird die Möglichkeit vorhandenes Wissen für den Arbeitgeber einzusetzen sowie an andere weiterzugeben verstanden.[156] Die Reifetheorie nach *Agyris* attestiert, dass die Entwicklung eines Arbeitnehmers einen Reifeprozess durchläuft. In Folge dieses Prozesses entwickelt sich der Arbeitnehmer zu einer reifen Persönlichkeit. Dieser Persönlichkeit werden Attribute wie ein ausgeprägtes Selbstbewusstsein sowie vielfältige Interessen und Verhaltensweisen zugesprochen.[157] Ein reifer Arbeitnehmer strebt, so *Agyris*, nach relativer Unabhängigkeit, Autonomie und relativer Kontrolle über seine Umgebung. Der reife Arbeitnehmer nimmt eine langfristige Sichtweise ein und zielt auf die (Weiter-) Entwicklung seiner Fähigkeiten und Fertigkeiten.[158]

Agyris unterscheidet im Rahmen des Reifeprozesses zwischen sieben verschiedenen Reifedimensionen. Neben zunehmender Eigeninitiative, Unabhängigkeit, differenzierteren Verhaltensmustern, einem zunehmenden Interesse Phänomene in ihrer Gesamtheit zu verstehen, einer langfristigeren Zeitperspektive und einem veränderten Rangdenken, zählt er auch ein zunehmendes Selbstbewusstsein zu diesen Dimensionen. Das Selbstbewusstsein basiert auf dem Bewusstsein des Selbst sowie dem Wissen über eigene Fähigkeiten und Fertigkeiten und dem damit verbundenen Wissen über die eigenen Wirkungskräfte.[159]

Legt man die Bedürfnistheorie nach *Maslow* zu Grunde, so ist das Reifestreben als Bedürfnis nach Selbstverwirklichung und somit als Wachstumsbedürfnis interpretierbar.[160] Bei vorliegender Inkongruenz zwischen den Bedürfnissen des Arbeitnehmers und den Anforderungen des Arbeitgebers, erfahren Arbeitnehmer möglicherweise Frustration, Misserfolge und Konflikte. *Argryis* identifiziert unter anderem den Führungsstil und einen damit verbundenen bzw. nicht verbunden Übertrag von Kompetenzen bzw. Kontrolle an einen Mitarbeiter als Einflussgröße auf die Inkongruenz. Er schlussfolgert, dass je geringer die übertragene Verantwortung bzw. Kontrolle an einen Mitarbeiter sei, desto weniger ist es für diesen nötig seine Fähigkeiten und Fertigkeiten einzubringen. In der Studie von *Agyris* konnte der Effekt

[156] Vgl. Berthon/Ewing/Hah (2005), S. 162.
[157] Vgl. Schreyögg (2008), S. 49.
[158] Vgl. Argyris (1973), S. 142.
[159] Vgl. Argyris (1975), S. 216ff.
[160] Vgl. Schreyögg (2008), S. 199.; Maslow (1989), S. 28ff.

einer Reduktion von Fähigkeitsanforderungen auf die Motivation von Arbeitnehmern nachgewiesen werden. Verringerte Anforderungen führten vor allem bei hochqualifizierten Arbeitnehmern zu Frustration, einer erhöhten Abwesenheits- und Fluktuationsrate. Bei geringqualifizierten Arbeitnehmern konnte ebenfalls ein Effekt festgestellt werden, dieser fiel aber, im Vergleich zu hochqualifizierten Arbeitnehmern deutlich geringer aus.[161] Hypothese 5 basiert auf dem Umkehrschluss, dass die Anwendung von Fähigkeiten und Fertigkeiten sich positiv auf das Selbstbewusstsein eines Arbeitnehmers auswirken und die eventuell vorhandene Inkongruenz zwischen ihren Bedürfnissen und den Anforderungen des Arbeitnehmers mindern. Aus diesem Grund stellt sich die im Rahmen dieser Arbeit getestete Hypothese wie folgt dar:

H_5: Application Value hat einen positiv signifikanten Einfluss auf Employer Attractiveness.

3.1.6. Image Value

Image Value wird als das Bild eines Arbeitgebers im Kopf des Konsumenten angenommen. Es lässt sich als Markenpersönlichkeit definieren, die so *Aaker* anhand menschlicher Attribute gebildet wird.[162] Bei der Beurteilung eines Arbeitgebers durch gegenwärtige und potentielle Arbeitnehmer spielt das Image eine zentrale Rolle um sich von Wettbewerbern zu differenzieren. Der aus der Psychologie stammende Halo-Effekt (Halo [engl.] = Heiligenschein) beschreibt eine Wahrnehmungsverzerrung. Diese Verzerrung resultiert aus dem Einfluss einer globalen Einstellung gegenüber einem Objekt, die die Wahrnehmung einzelner Attribute überstrahlt.[163] Als Folge dieser Verzerrung sieht *Güttler* einen „positiv-kongruenten“ Gesamteindruck, sofern das den Halo-Effekt verursachende Attribut ebenfalls positiv wahrgenommen wird.[164] Im Rahmen des Markenmanagements ist der Gesamteindruck dem des Produktimage äquivalent. Der Aufbau des Images stellt sich als ein langfristiger Prozess dar, dessen Ergebnis aus einer „einzigartigen, unverwechselbaren Botschaft“ besteht.[165] Die Wahrnehmung

---

[161] Vgl. Argyris (1973), S. 144.
[162] Vgl. Aaker (1997), S. 347.
[163] Vgl. Thorndike (1920), zit. in Aurifeille (1991), S. 59.; Leuthesser/Kohli/Harich (1995), S. 57f.
[164] Güttler (2003), S. 96.
[165] Kotler (2007), S. 504.

dieser Botschaft, die durch die Employer Brand an den Rezipienten gesendet wird, unterliegt dessen subjektiver Beurteilung.[166] Der Halo-Effekt spiegelt sich dahingehend in der Produktwahrnehmung wieder, als dass sich die Wahrnehmung einzelner Produktattribute auf die globale Wahrnehmung des Produktes auswirkt.[167] So hatten Blindtests mit Coca Cola und Pepsi Cola eine Präferenz von Pepsi Cola als Ergebnis, während der Test mit Nennung des Markennamens eine Präferenz von Coca Cola zum Ergebnis hatte.[168] Eine Analyse der Hirnströme mittels Magnetresonanztomographen zeigte, dass der markengestütze Test kognitive Areale des Hirns ansprach. Die Wahrnehmung der Marke löste positive Assoziationen aus, die in der Präferenz des Produktes mündeten.[169] *Chernatony* und *McDonald* sehen die Ursache dieser Assoziationen in der starken Ausprägung des Images, dessen Recall durch die Marke ausgelöst wurde.[170] Im Rahmen der vorliegenden Untersuchung wird daher folgende Hypothese aufgestellt:

H_6: Image Value hat einen positiv signifikanten Einfluss auf Employer Attractiveness.

3.2. Einfluss von Employer Attractiveness

3.2.1. Commitment

Morgan und *Hunt* definieren Commitment dabei als ein „anhaltendes Verlangen eine geschätzte Beziehung weiter zu führen“.[171] Sie sehen Commitment weiterhin als ein zentrales Konzept des Relationship Marketings,[172] das als kritische Determinante zur Messung der Beziehungsstabilität herangezogen werden kann.[173] Ein starkes Commitment kann vor allem bei Mitarbeitern gemessen werden, bei denen eine hohe Kongruenz zwischen der Marke und ihrem Selbstkonzept vorhanden ist.[174] Als Selbstkonzept wird dabei die Summe der Einstellun-

---

[166] Vgl. Aaker (1992), S. 68.
[167] Vgl. Leuthesser/Kohli/Harich (1995), S. 57.
[168] Vgl. Jaritz (2008), S. 58.
[169] Vgl. Kreutzer (2010), S. 54.
[170] Vgl. Charnatony/McDonald (2003), S. 89.
[171] Morgan/Hunt (1994), S. 23.
[172] Vgl. Morgan/Hunt 81994), S. 23.
[173] Vgl. Rusbult (1987), S. 115.
[174] Vgl. Esch/Strödter (2009), S. 150.

gen gegenüber der eigenen Person eines Individuums verstanden.[175] In der Literatur wird dem Commitment des Weiteren eine zentrale Rolle zugesprochen, da es zu einer geringeren Mitarbeiterfluktuation, einer erhöhten Motivation und Markentreue führt. [176] Das Commitment Konzept lässt sich zur besseren Analyse in affektives, normatives und rationales Commitment unterteilen.[177] Affektives Commitment ist definiert als die Intensität der Identifikation und dem Involvement eines Arbeitnehmers mit einem Arbeitgeber.[178] Das rationale Commitment wird durch die Kosten determiniert, die mit dem Verlassen des Unternehmens bzw. des Arbeitgebers einhergehen würden. Diese Kosten stehen dem Nutzen gegenüber, den ein Arbeitnehmer hätte, wenn er die Beziehung zu seinem Arbeitgeber aufrechterhält.[179] Das normative Commitment wiederum kann als eine moralische Verpflichtung dem Arbeitgeber treu zu bleiben definiert werden.[180]

Die Dreiteilung des Commitment-Konzepts zeigt dessen Komplexität.[181] Auf Grund der Komplexität des Konstrukts gibt es eine Vielzahl von Variablen, denen ein Einfluss auf Commitment attestiert wird. Zu diesen Variablen zählen *Meyer* und *Herscovitch* z.B. den Psychologischen Vertrag, die Internalisierung von Normen, fehlende Alternativen oder gemeinsame Werte.[182] *Morgan* und *Hunt* identifizieren weiterhin „Relationship Benefits“ und „Relationship Termination Costs“ als determinierende Größen von Commitment. Wie ihre Kollegen weisen auch sie einen Einfluss der geteilten Werte nach.[183] Das im Rahmen der Person-Organisation-Theorie etablierte Attraction-Selection-Attrition-Konzept nach *Schneider* postuliert, dass Arbeitnehmer und Arbeitgeber auf Grund von gegenseitig wahrgenommener Attraktivität angezogen werden. Diese wahrgenommene Attraktivität wird auch als Kongruenz der geteilten Wertevorstellungen bezeichnet.[184]

Auf Grund der zuvor dargelegten Zusammenhänge wird daher folgende Hypothese aufgestellt:

---

[175] Vgl. Mummendey (1995), S. 55, zit. in: Esch/Strödter (2009), S. 150.
[176] Vgl. Morgan/Hunt (1994), S. 23.
[177] Vgl. Allen/Meyer (1990), S. 3.
[178] Vgl. Mowday/Steers/Porter (1979), S. 226.
[179] Vgl. Allen/Meyer (1990), S. 3.
[180] Vgl. Esch/Strödter (2009), S. 147.
[181] Vgl. Esch/Strödter (2009), S. 146.
[182] Vgl. Meyer/Hersovitch (2001), S. 317f.
[183] Vgl. Morgan/Hunt (1994), S. 29ff.
[184] Vg. Cable/Judge (1997), S. 546f.

H_7: Employer Brand Attractiveness hat eine positiv signifikante Wirkung auf Commitment.

3.2.2. Trust

Bereits in *Kapitel 2.1.3.* wurde auf das Relationship Marketing und seine Rolle für das Employer Branding eingegangen. Trust zählt zu den Faktoren, die einen wichtigen Einfluss auf Austauschbeziehungen haben.[185] Er wird als die „Bereitschaft des Kunden, sich auf das Unternehmen im Hinblick auf dessen zukünftiges Verhalten ohne weitere Prüfung zu verlassen" definiert.[186] Trust stellt eine wichtige Kenngröße dar, um die Bindung und Beziehung zwischen den jeweiligen Austauschparteien qualitativ zu erfassen.[187] Des Weiteren ist Trust als bedeutende Grundlage für das Zustandekommen eines psychologischen Vertrags anzusehen.[188] Der Aufbau von Trust kann als ein langfristiger Prozess angesehen werden, der auf den wiederkehrenden Interaktionen der Partner aufbaut.[189] Das Konzept von Trust ist besonders in Situationen von starker Bedeutung, in denen der Austausch der Leistungen nicht simultan sondern zeitlich verzögert stattfindet.[190]

Auch in der Soziologie ist Trust von erhöhter Relevanz. *Luhmann* sieht Vertrauen als Voraussetzung der Möglichkeit innerhalb eines sozialen Systems zu interagieren.[191] Das soziale System sieht er dabei als komplexes System an, in dem Trust zur Reduktion der vorhandenen Komplexität beiträgt. Dies geschieht durch den Rückgriff des Vertrauenden auf Bewährtes bzw. Vertrautes. In diesem Zusammenhang weist *Luhmann* auf die wichtige Unterscheidung zwischen Vertrautheit und Vertrauen (Trust) hin. Vertrautheit als „unvermeidbare Tatsache des Lebens" sieht er als Voraussetzung für die Entstehung von Vertrauen, aber auch von Misstrauen an.[192] Vertrauen wird in diesem Kontext als „Lösung für spezifische Risikoprob-

---

[185] Vgl. Hunt/Arnett/Madhavaram (2006), zit. in Bruhn (2009a), S. 77.
[186] Bruhn (2009a), S. 77.
[187] Vgl. Bruhn (2009a), S. 77.
[188] Vgl. Rousseau (1989), S. 128.
[189] Vgl. Bruhn (2009a), S. 77ff.
[190] Vgl. Hartmann (2001), S. 10.
[191] Vgl. Luhmann (2000), S. 8.
[192] Luhmann (2001), S. 144.; Vgl. Luhmann (2000), S. 20ff.

leme" definiert.[193] Die Lebenswelt eines Individuums kann somit in Vertrautheit und Unvertrautheit unterteilt werden[194] Das Vertrautheitskonzept lässt sich auch auf das Employer Branding übertragen. Legt man die Person-Organization-Fit-Theorie zu Grunde, so nimmt man an, dass die Auswahl eines Arbeitgebers auf Grund der durch den (potentiellen) Arbeitnehmer empfundenen Vertrautheit bzw. Ähnlichkeit stattfindet die, folgt man *Luhmann*, zu einem Aufbau von Trust führt.[195] Auch im Rahmen von Studien zum Aufbau von Trust in Kundenbeziehungen konnte bereits ein signifikanter Zusammenhang zwischen Vertrautheit und Trust nachgewiesen werden.[196] Im Rahmen der vorliegenden Untersuchung wird daher folgende Hypothese aufgestellt:

H_8: Employer Brand Attractiveness hat eine positiv signifikante Wirkung auf Trust.

3.2.3. Employer Awareness

In der Markentheorie wird der Bekanntheit einer Marke eine wichtige Stellung zugeschrieben. Die Markenbekanntheit definiert *Aaker* als die „Fähigkeit eines potentiellen Käufers, zu erkennen oder sich daran zu erinnern, dass eine Marke zu einer bestimmten Produktkategorie gehört."[197] Die Markenbekanntheit kann sowohl in Form von Recognition, also der Wiedererkennung der Marke, wenn man mit ihr konfrontiert wird, als auch in Form des Recalls geschehen. Der Recall stellt im Vergleich der beiden Möglichkeiten die intensivere Ausprägung der Markenbekanntheit dar. Im Rahmen der Recall-Messung erfolgt die Nennung der Marke auf Grund einer vorgegebenen Produktkategorie mit der die Marke in Verbindung gebracht wird.[198] Die Markenbekanntheit ist somit der entscheidende Faktor zur abschließenden Klärung, ob eine Marke in Teil des Awareness Sets ist, welches alle Marken beinhaltet, die grundsätzlich mit einem Produkt assoziiert werden.[199] Ziel des Employer Branding ist es dabei, neben dem Awareness Set auch Teil des Evoked Set eines Bewerbers zu sein. Das

[193] Luhmann (2001), S. 144.
[194] Vgl. Luhmann (2001), S. 145.
[195] Vgl. Cable/Judge (1997), S. 546.
[196] Vgl. Swan/Trawick/Silva (1985), S. 209.
[197] Aaker (1992), S. 83.
[198] Vgl. Aaker (1992), S. 83f.; Aaker (1996), S. 330.
[199] Vgl. Möll (2007), S.31.

Evoked Set ist Teilmenge des Awareness Sets und umfasst diejenigen Auswahlmöglichkeiten, die tatsächlich durch einen Bewerber in Betracht gezogen werden.[200]

Die aus der Psychologie stammende Signal Detection Theory (SDT) beschreibt die Herausforderung eines Individuums aus einem Mix aus Signalen und Geräuschen, die Signale herauszufiltern und als solche zu erkennen.[201] Im Rahmen der Recognition-Messung bezieht sich die Wahrnehmung des Stimulus darauf, ob er bereits zuvor wahrgenommen wurde (Signal) oder nicht (Geräusch). Man spricht in diesem Zusammenhang auch von einem Yes-No-Task.[202] Die Beurteilung, ob ein Stimulus bereits zu einem vorherigen Zeitpunkt wahrgenommen wurde, unterliegt im Rahmen der SDT sowohl systematischen Beurteilungsfehlern als auch einer Sensitivität seitens des Beurteilenden. Die Sensitivität beschreibt die Relation der erkannten Signale im Vergleich zu den Geräuschen. Je höher die Relation, desto mehr Signale werden als solche erkannt und desto besser ist die Effektivität der zugrundeliegenden Maßnahme. Die Tendenz zu systematischen Beurteilungsfehlern misst zu welchem Grad sich der Beurteilende sicher sein muss, bevor er ein Signal gegenüber einem Tester als solches artikuliert.[203] Dabei spielt die Vertrautheit mit einem Objekt eine zentrale Rolle. *Ye* und *Raaij* stellen in diesem Zusammenhang fest, dass mit zunehmender Vertrautheit die Wahrscheinlichkeit einer Recognition steigt. Damit einhergehend steigt auch die Sensitivitätsrate, die die Detektionsrate von Stimuli erhöht. Mit zunehmender Vertrautheit bzw. Attraktivität nimmt die Zahl der erkannten Signale zu, die mit positiver Vertrautheit assoziiert werden. Geräusche werden in diesem Kontext neutraler wahrgenommen.[204]

Die Markenbekanntheit kann demnach durch eine erhöhte Vertrautheit, die mit einer wahrgenommenen Markenattraktivität einhergeht, gesteigert werden. Auf Grund der vorangegangenen Ausführungen wird daher folgende Hypothese aufgestellt:

---

[200] Vgl. Howard/Sheth (1969), S. 98.; Markin (1974), S. 92.
[201] Vgl. DeCarlo (2003), S. 767.
[202] Vgl. Tashchian/White/Pak (1988), S. 397f.
[203] Vgl. Ye/Raaij (2004), S. 98f.
[204] Vgl. Ye/Raaij (2004), S. 100f.

H_9: Employer Brand Attractiveness hat eine positiv signifikante Wirkung auf Employer Awareness.

3.3. Einflussgrößen des Untersuchungsmodells

3.3.1. Moderatoreneinfluss der Beschäftigungsdauer

Das Lebenszykluskonzept findet in der Betriebswirtschaftslehre vielfältig Anwendung. Beispielsweise im Rahmen der Erklärung der Durchsetzung von Innovationen am Markt.[205] Von besonderer Bedeutung für das Marketing ist dabei das Konzept des Produktlebenszyklus, das die Marktentwicklung eines Produktes am Markt anhand von ökonomischen Kenngrößen z.B. dem Umsatz erklärt.[206] Auch im Rahmen des Relationship Marketings spielt das Lebenszykluskonzept eine zentrale Rolle. Grundlage des Kundenlebenszeitzyklus ist die Annahme, dass Kundenbedürfnisse stark von der jeweiligen Lebensphase und dem biologischen Alter determiniert werden. Das Konzept des Kundenlebenszyklus nimmt an, dass die Bedürfnisse den Verlauf der Beziehung entscheidend determinieren und die Stärke der Beziehung im Zeitablauf Schwankungen unterliegen kann.[207]

Die Lebenszykluskonzepte, die im Rahmen des Relationship Marketing Anwendung finden, können auch auf die Arbeitnehmer-Arbeitgeber-Beziehung, wie sie im Rahmen des Employer Branding thematisiert wird, übertragen werden. Der Mitarbeiter-Lebenszyklus unterscheidet zwischen vier Phasen, die ein Mitarbeiter im Rahmen seiner Laufbahn bei einem Arbeitgeber durchlaufen kann.[208] Hiernach unterscheidet man zwischen Einführungs-, Wachstums-, Reife- und Degenerationsphase. *Smither* weist in diesem Zusammenhang auf die unterschiedlichen Bedürfnisse von Arbeitnehmern in Abhängigkeit von der jeweiligen Lebenszyklusphase hin. So ist es beispielsweise für Mitarbeiter in der Einführungsphase besonders wichtig soziale Kontakte zu knüpfen, während in der Wachstums- oder Reifephase diese Kontakte bereits bestehen und der Fokus mehr auf dem Aus- bzw. Aufbau von Fertigkeiten liegt.[209] Auch im Rahmen der Theorie des psychologischen Vertrags findet die Thematik der Beziehungsdauer

[205] Vgl. Rogers (2003), S. 169ff.
[206] Vgl. Kotler (2007), S. 700ff.
[207] Vgl. Bruhn (2009a), S. 53f.
[208] Vgl. Costello (2006), S. 48.
[209] Vgl. Smither (2003), 21ff.

Beachtung. *Rousseau* sieht einen Zusammenhang zwischen der Beziehungsdauer und der Tiefe und Breite des psychologischen Vertrags. Bei zunehmendem Fortschritt der Beziehung und einem zunehmenden reziproken Austausch wirkt sich dies auf das Verhalten sowie die Bedürfnisse und Erwartungen der Beteiligten aus.[210] Auf Grund der sich im Zeitablauf wandelnden Bedürfnisstrukturen von Arbeitnehmern, wird folgende Hypothese im Rahmen des Untersuchungsmodells aufgestellt:

H_{10}: Die Konstruktzusammenhänge des aufgestellten Modells unterscheiden sich in ihrer Stärke je nach Dauer der Beschäftigung signifikant voneinander.

3.3.2. Moderatoreneinfluss der Position im Hierarchiegefüge

Bereits in Kapitel 2.2.2. wurde die Theorie der sozialen Identität vorgestellt. Im Rahmen dieser Theorie wird angenommen, dass Mitarbeiter ihre soziale Identität durch Zugehörigkeit zu einer Unternehmens-IN-Group und Mitgliedschaft in weiteren Gruppen definieren.[211] Annahmegemäß ist ein Mitarbeiter Mitglied mehrerer IN-Groups. Diese Annahme bezieht sich sowohl auf das Privatleben als auch auf das Arbeitsleben eines Mitarbeiters.[212] Innerhalb der Gruppen werden die gleichen Wertevorstellung bzw. Ideale geteilt und es erfolgt ein permanenter Vergleichsprozess mit vergleichbaren Gruppen. Der Prozess hat die Überprüfung der sozialen Distinktheit zum Ziel.[213] Innerhalb eines Unternehmens entstehen somit ebenfalls verschiedene soziale Gruppen. Während außerhalb des Unternehmens die Gruppen auf Basis von Alter, Religion oder ethnischem Hintergrund gebildet werden, werden die Gruppen innerhalb des Unternehmens auf Grund anderer, unternehmensspezifischer Faktoren gebildet. Unter anderem können Gruppen aufgrund verschiedener Hierarchiezugehörigkeiten gebildet werden. Die unternehmensinterne Gruppenbildung ist das Ergebnis eines politischen Prozesses, der durch Interessen, Macht und Konflikte determiniert wird.[214] Die unterschiedlichen Gruppen bzw. unterschiedliche Hierarchieebenen haben demnach unterschiedliche Interessen, die auf unterschiedlichen Bedürfnissen beruhen. Es wird daher im Rahmen des Untersuchungsmodells folgende Hypothese aufgestellt:

---

[210] Vgl. Rousseau (1989), S. 132ff.
[211] Vgl. Güttler (2007), S. 157.
[212] Vgl. Ashforth/Mael (1989), S. 20ff.
[213] Vgl. Werpers (1999), S. 37.
[214] Vgl. Schreyögg (2008), S. 349.

H_{11}: Für unterschiedliche Positionen im Hierarchiegefüge der Probanden unterscheiden sich die Konstruktzusammenhänge des aufgestellten Modells signifikant.

Abbildung 3 gibt einen Überblick über das aufgestellte Hypothesensystem des Untersuchungsmodells, das im Folgenden getestet wird. Zuvor stellt *Tabelle 1* die aufgestellten Hypothesen zur Übersicht noch einmal dar:

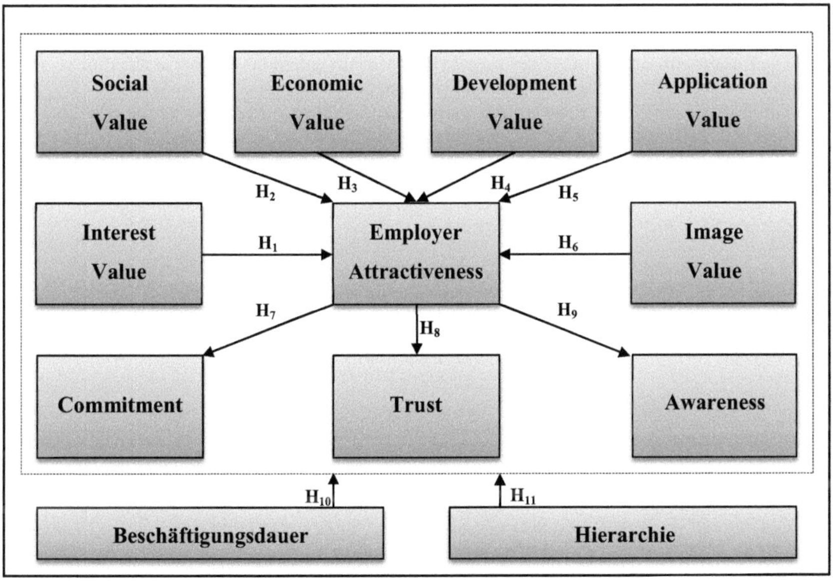

Abbildung 3: Graphische Darstellung des Untersuchungsmodells[215]

[215] Quelle: Eigene Darstellung.

Nr.	Hypothese
1	Interest Value hat einen positiv signifikanten Einfluss auf Employer Attractiveness.
2	Social Value hat einen positiv signifikanten Einfluss auf Employer Attractiveness.
3	Economic Value hat einen positiv signifikanten Einfluss auf Employer Attractiveness.
4	Development Value hat einen positiv signifikanten Einfluss auf Employer Attractiveness.
5	Application Value hat einen positiv signifikanten Einfluss auf Employer Attractiveness.
6	Image Value hat einen positiv signifikanten Einfluss auf Employer Attractiveness.
7	Employer Attractiveness hat einen positiv signifikanten Einfluss auf Commitment.
8	Employer Attractiveness hat einen positiv signifikanten Einfluss auf Trust.
9	Employer Attractiveness hat einen positiv signifikanten Einfluss auf Employer Awareness.
10	Die Konstruktzusammenhänge des aufgestellten Modells unterscheiden sich in ihrer Stärke, je nach Dauer der Beschäftigung signifikant voneinander.
11	Für unterschiedliche Positionen im Hierarchiegefüge der Probanden unterscheiden sich die Konstruktzusammenhänge des aufgestellten Modells signifikant voneinander.

Tabelle 1: Übersicht des hergeleiteten Hypothesenmodells[216]

[216] Quelle: Eigene Darstellung.

4. Empirische Überprüfung des Untersuchungsmodells

4.1. Auswahl einer geeigneten Untersuchungsmethode

4.1.1. Strukturgleichungsmodelle und PLS

Das aufgestellte Hypothesensystem bedarf nun einer empirischen Überprüfung. Ziel ist die Untersuchung der kausalen Zusammenhänge zwischen den theoretischen Konstrukten. Die Konstrukte werden dabei über verschiedene Indikatoren operationalisiert, also messbar gemacht.[217] In Bezug auf die Konstrukte muss dabei zwischen abhängigen, also endogenen und unabhängigen, also exogenen Variablen differenziert werden.[218] Somit werden in einem Kausalmodell nicht nur latente Variablen erklärt, sondern auch Zusammenhänge zwischen mehreren, nicht beobachtbaren Konstrukten untersucht.[219] Bei den nicht beobachtbaren Konstrukten handelt es sich um latente Variablen, die einen abstrakten bzw. nicht direkt beobachtbaren Sachverhalt darstellen. Die Operationalisierung der latenten Variablen erfolgt anhand mehrerer direkt messbaren Indikatoren, wobei es im Hinblick auf das Schätzergebnis von Vorteil ist, ein Konstrukt durch möglichst viele Indikatoren zu operationalisieren.[220] Dieser Zusammenhang wird „consistency at large"-Eigenschaft genannt.[221] Das einzusetzende Verfahren muss somit eine Trennung zwischen theoretischen und beobachteten Variablen ermöglichen.[222]

Zur Schätzung der zugehörigen Kausalmodelle haben sich seit den 70er Jahren des 20. Jahrhunderts in den Wirtschafts- und Sozialwissenschaften Strukturgleichungsmodelle etabliert.[223] Strukturgleichungsmodelle sind den multivariaten Datenanalysen zuzuordnen. Durch Strukturgleichungsmodelle können theoretische Modelle durch Varianzen und Kovarianzen der erhobenen Daten überprüft werden.[224] *Backhaus et al.* verwenden den Begriff „Kausalanalyse" gleichberechtigt mit „Strukturgleichungsmodell",[225] während *Hildebrandt* und *Homburg* betonen, dass kausale Zusammenhänge im engeren Sinn nicht durch ein statistisches Verfahren validiert werden können, sondern dies nur durch ein Experiment geschehen

---

[217] Vgl. Backhaus et al. (2007), S. 338ff.; Vgl. Huber et al. (2007), S. 3.
[218] Vgl. Huber et al. (2007), S. 3
[219] Vgl. Ringle (2004), S. 7.
[220] Vgl. Huber et al. (2007), S. 3, 12.
[221] Vgl. Dijkstra (2010), S. 37.
[222] Vgl. Hildebrandt/Homburg (1998), S. 17.
[223] Vgl. Huber et al. (2007), S. 1.; Hildebrand/Homburg (1998), S. 5.
[224] Vgl. Hildebrandt/Homburg (1998), S. 17.
[225] Vgl. Backhaus et al. (2007), S. 338.

kann.[226] Sie schlussfolgern jedoch, wie auch weitere Forscher,[227] dass der Begriff „Kausalanalyse“ auf Grund seiner weiten Verbreitung unter Beachtung der eben genannten Einschränkung trotzdem verwendet werden kann.[228]

Bei der Kausalanalyse muss zwischen Struktur- und Messmodellebene unterschieden werden. Während auf Strukturmodellebene die Abhängigkeiten zwischen den Konstrukten bzw. latenten Variablen untersucht werden, werden auf Messmodellebene die Beziehungen zwischen den Indikatoren und den jeweiligen Konstrukten beleuchtet. Die Überprüfung des Untersuchungsmodells lässt sich hierbei in exogene bzw. unabhängige sowie endogene, also abhängige Variablen unterteilen.[229]

Bei der Durchführung einer Kausalanalyse kann sowohl ein Rückgriff auf kovarianzbasierte, als auch auf varianzbasierte Verfahren erfolgen.[230] Beide Ansätze berücksichtigen Messfehler im Modell und basieren auf einem formal ähnlichen Strukturmodell. Der Umgang mit formativen Messmodellen ist allerdings problematisch, da diese im Rahmen von kovarianzbasierten Verfahren nicht integriert werden können. Kovarianzbasierte Verfahren fokussieren lediglich die reflektiven Beziehungen zwischen den Konstrukten und ihren Indikatoren. Daher sind die kovarianzbasierten Verfahren im vorliegenden Fall nicht zufriedenstellend für die Durchführung einer empirischen Untersuchung.[231] Aufgrund dessen wird das statistische varianzbasierte Verfahren der Partial Least Squares (PLS) verwendet, das bereits in anderen Bereichen, wie den Natur- und Sozialwissenschaften, Anwendung findet.[232] Die Vorzüge des Verfahrens liegen vor allem darin, dass eine genauere Prognose bzw. Schätzung von Kausalmodellen ermöglicht wird und auch bei einer geringen Stichprobengröße eine zuverlässige Schätzung möglich ist.[233] Eine Normalverteilung der Ausgangsdaten ist bei der Verwendung von PLS keine Voraussetzung.[234] Auch eignet sich PLS sehr gut für eine empirische Untersu-

---

226 Vgl. Hildebrandt/Homburg (1998), S. 17.
227 Vgl. Ringle (2004), S. 7.
228 Vgl. Hildebrandt/Homburg (1998), S. 17.
229 Vgl. Huber et al. (2007), S. 3f.
230 Vgl. Huber et al. (2005).
231 Vgl. Ringle (2004), S. 5f.
232 Vgl. Huber et al. (2007), S. 3.
233 Vgl. Huber et al. (2005), S. 12.
234 Vgl. Huber et al. (2007), S. 10.

chung, deren Ziel es ist Implikationen für die Praxis zu generieren.[235] Bei der Beantwortung von Fragebögen unterliegen Probanden oft äußeren Einflüssen die zu Ablenkung oder Unaufmerksamkeit führen können und Einfluss auf das Antwortverhalten nehmen. Es ist daher notwendig, dass das verwendete Verfahren Messfehler berücksichtigt.[236] PLS berücksichtigt diese explizit. Es tastet sich „iterativ unter Minimierung des Fehleranteils an eine möglichst gute Modelllösung“ heran.[237]

Im vorliegenden Fall ist zudem ein Verfahren nötig, das Gruppenvergleiche zulässt. In der folgenden Untersuchung wird eine Unterscheidung zwischen verschiedenen Hierarchiestufen und Probanden mit einer unterschiedlichen Beschäftigungsdauer vorgenommen. PLS ermöglicht solche Modelltests für unterschiedliche Teilgruppen, in denen das Gesamtmodell für Daten unterschiedlicher Gruppen überprüft werden kann.[238] Die Datenauswertung anhand des PLS-Verfahrens wurde schließlich mit Hilfe des Programms PLS Graph 3.0 durchgeführt.

4.1.2. Unterteilung in reflektive und normative Konstrukte

Bei der Operationalisierung von Konstrukten in einem Messmodell durch eine Anzahl von Items bzw. Indikatoren muss der Forscher besonderen Wert auf die Richtung des Zusammenhangs zwischen Konstrukt und Indikatoren legen. Hierbei wird zwischen reflektiven und formativen Beziehungen unterschieden. In früheren Studien wurde empirischen Modellen häufig automatisch eine reflektive Operationalisierung zu Grunde gelegt, was zu zahlreichen Verzerrungen und heute anzuzweifelnden Ergebnissen führte.[239] So verzichteten zum Beispiel *Homburg* und *Giering* in einem die Konstruktoperationalisierung erläuternden Artikel noch im Jahr 1998 auf die Behandlung formativer Messmodelle und führen als Begründung deren geringe Verwendung in bei empirischen Untersuchungen an.[240]

Zur Entscheidungsfindung zwischen „reflektiv“ und „formativ“ existieren Fragenkataloge, so zum Beispiel von *Jarvis, MacKenzie* und *Podsakoff*.[241] *Huber et al.* konnten jedoch zeigen,

[235] Vgl. Huber et al. (2005), S. 16.
[236] Vgl. Bagozzi (1994), S. 26f.
[237] Ringle (2004), S. 29.
[238] Vgl. Homburg/Hildebrandt (1998), S. 28.
[239] Vgl. Huber et al. (2007), S. 17 f.
[240] Vgl. Homburg/Giering (1998), S. 115.
[241] Vgl. Jarvis/MacKenzie/Podsakoff (2003), S. 203.

dass die Kriterien des Katalogs weitestgehend redundant sind. Relevant ist vor allem, welche Richtung der Ursache-Wirkungszusammenhang zwischen Konstrukt und Indikatoren aufweist.[242] Bei reflektiven Konstrukten zieht eine Veränderung des Konstrukts unmittelbar eine Veränderung aller Indikatoren nach sich. Bei formativen Konstrukten hingegen wird durch die Veränderung eines Indikators die Ausprägung des Konstrukts modifiziert.[243] Das bedeutet, reflektive Items sind stark miteinander korreliert, während formative Indikatoren unterei-untereinander keine Korrelation aufweisen.[244] Bei der Auswertung einer empirischen Studie schlägt sich diese Unterscheidung in voneinander abweichenden Gütekriterien nieder.[245] Während es bei der Überprüfung der Gütekriterien zu einer Elimination von Indikatoren von reflektiven Konstrukten kommen kann, ist es bei formativen Konstrukten unabdingbar, auf die Elimination einzelner Indikatoren zu verzichten.[246]

4.1.3. Gütekriterien zur Beurteilung von PLS-Modellen

Als Grundlage der Modellschätzung dienen verschiedene statistische Kriterien. Diese sind für die Bestimmung der Reliabilität und Validität des Modells relevant. Auf Messmodellebene müssen die Indikatoren mit einem Wert von jeweils mindestens 0,7 auf das zugehörige Konstrukt laden. Mittels der Methode des Bootstrappings können die Signifikanzen für einzelne Indikatoren ermittelt werden und daraufhin evtl. Indikatoren eliminiert werden. Dies geschieht, wenn Indikatoren für ein Signifikanzniveau von 10 % einen t-Wert von kleiner als 1,66 aufweisen. Weitere Gütekriterien sind die durchschnittlich erfasste Varianz (DEV), die einen Mindestwert von 0,6 annehmen sollte sowie die Konstruktreliabilität. Für akzeptable Werte von reflektiven Konstrukten sollte die Konstruktreliabilität den kritischen Wert von 0,7 überstiegen.[247] Das sog. Fornell-Larcker-Kriterium gilt als erfüllt, wenn die Varianz eines Konstrukts und seiner Indikatoren die gemeinsame Varianz dieses Konstrukts mit den anderen Konstrukten des Modells übersteigt.[248] Die Vorhersagevalidität eines Modells wird mittels Stone-Geissers Q^2 für reflektive Konstrukte überprüft. Für positive Q^2-Werte gilt die Vorhersagevalidität als gegeben. Die Unidimensionalität prüft, ob die Indikatoren eines Konstrukts

---

242 Vgl. Huber et al. (2007), S. 19 ff.
243 Vgl. Huber et al. (2007), S. 18.
244 Vgl. Huber et al. (2007), S. 20.
245 Vgl. Huber et al. (2007), S. 34, S. 38.
246 Vgl. Huber et al. (2005), S. 34.
247 Vgl. Huber et al. (2007), S. 35 f.
248 Vgl. Fornell/Larcker (1981), S. 46.

lediglich untereinander korreliert sind oder auch eine Korrelation mit Indikatoren anderer Konstrukte besteht.[249]

Auf Strukturmodellebene werden anhand des ermittelten t-Werts und des dazugehörigen Pfadkoeffizienten Hypothesen bestätigt oder aber abgelehnt. Zur Bestätigung einer Hypothese sind für den t-Wert ein Mindestwert von 1,66 für ein Signifikanzniveau von 10% sowie ein Pfadkoeffizient mit einem Mindestwert von 0,1 nötig. Des Weiteren ist das Modell auf Multikollinearität sowie anhand von Stone-Geissers Q^2 auf Vorhersagevalidität für endogene reflektive Konstrukte zu untersuchen.[250]

4.2. Erhebung der Daten

4.2.1. Untersuchungsdesign

Die Untersuchung erfolgte quantitativ anhand eines standardisierten Online-Fragebogens. Der Befragungszeitraum erstreckte sich hierbei vom 9.Dezember 2010 bis zum 20. Januar 2011. Während dieser sechs Wochen konnten insgesamt 204 Probanden erreicht werden. Die Akquise erfolgte dabei durch Ansprache in sozialen Netzwerken, Online-Foren und via Email, durch die Veröffentlichung bzw. dem Versenden des Umfrage-Links. Da vor allem Angestellte Zielgruppe der Untersuchung sind wurde, im Hinblick auf die sozialen Netzwerke der Fokus insbesondere auf xing.de und facebook.com gelegt. Auf eine Ansprache in zielgruppenfremden Netzwerken wie beispielsweise studivz.de oder schülervz.de wurde gänzlich verzichtet. Dabei erwies sich die Akquise mit Hilfe von sozialen Netzwerken als besonders erfolgreich. Mittels einer an den Umfragelink angehängten Referenz konnte ermittelt werden, dass 59,8% der Umfrageteilnehmer durch soziale Netzwerke gewonnen werden konnten. Die Direktakquise durch das Senden einer Email konnte 29,4% der Untersuchungsteilnehmer generieren und die Ansprache in Online-Foren wies einen Anteil von 11,2% auf.

Die durchschnittliche Bearbeitungszeit lag bei 478 Sekunden. Um Verzerrungen entgegenzuwirken, wurden sieben Datensätze aufgrund einer zu kurzer Bearbeitungszeit eliminiert. Dabei wurde ein Referenzwert von 250 Sekunden zugrunde gelegt. Probanden mit einer darunter liegenden Bearbeitungszeit wurden demzufolge eliminiert. Bei Sichtung der Datensätze

---

[249] Vgl. Huber et al. (2007), S. 37.

[250] Vgl. Huber et al. (2007), S. 42f.; Huber/Meyer (2008), S. 95.

konnten darüber hinaus keine auffälligen Bearbeitungsmuster festgestellt werden, weshalb auf eine Elimination von Datensätzen aus diesem Grund verzichtet werden konnte. Damit besteht die Grundgesamtheit aus 197 Personen.

Zu Beginn der Befragung wurden zunächst anhand einer 7-stufigen Likert-Skala die operationalisierten Konstrukte abgefragt. Anschließend erfolgte eine Abfrage der Beschäftigungsdauer und der Position im Hierarchiegefüge sowie von soziodemographischen Daten. Die Abfrage der Moderatorvariablen Beschäftigungsdauer und Position im Hierarchiegefüge erfolgte bewusst erst im Anschluss an die Abfrage der operationalisierten Konstrukte. Dadurch sollte eine Konditionierung seitens der Probanden vermieden und somit einer Verfälschung der Ergebnisse entgegengewirkt werden.

4.2.2. Soziodemographische Merkmale der Stichprobe

Anhand von *Tabelle 2* erfolgt nun eine kurze Darstellung der soziodemographischen Zusammensetzung der Stichprobe. 55,6% der Befragten sind weiblich, 40,4% gaben an männlich zu sein. Die Stichprobe setzt sich zu einem Großteil aus Angestellten und Studenten zusammen. Aggregiert man Angestellte (55,6%), Arbeiter (3,5%) und Selbstständige (1,0%), so machen diese zusammen als Gruppe der Berufstätigen 60,1% der Stichprobe im Hinblick auf die Tätigkeit aus. Die Gruppe der Studenten hat zu 23,7% Anteil an der Stichprobe. Dies ist vor allem dahingehend relevant, da Studenten aus Unternehmenssicht sogenannte High Potentials darstellen, die es frühzeitig für ein Unternehmen zu gewinnen gilt. [251] Somit halten Studenten und Berufstätige einen Anteil von 83,3% an der Stichprobe. Der relativ hohe Anteil von Studenten schlägt sich auch in der Altersstruktur nieder. Mit 25,8% in der Altersklasse 20-24 Jahre und mit 31,3% in der Altersklasse 25-29 Jahre sind mit 67,1% deutlich mehr als die Hälfte aller Probanden jünger als 30 Jahre. Im Hinblick auf das Bildungsniveau der Stichprobe bleibt anzumerken, dass 37,4% das Abitur und 26,8% aller Befragten einen Hochschulabschluss besitzen.

Im Hinblick auf den hohen Anteil an Studenten, sollte an dieser Stelle nicht außer Acht gelassen werden, dass diese noch vor ihrem Hochschulabschluss stehen und daher die Option Abi-

[251] Vgl. Spickschen (2005), S. 133f.

Merkmal	Merkmalsausprägungen	Häufigkeit	
		absolut (n=197)	prozentual
Geschlecht	männlich	80	40,6%
	weiblich	110	55,8%
	Keine Angabe	7	3,6%
Alter	0-19	2	1,0%
	20-24	51	25,9%
	25-29	62	31,5%
	30-39	32	16,2%
	40-49	25	12,7%
	älter als 50	24	12,2%
	Keine Angabe	1	0,5%
Tätigkeit	Schüler/in	1	0,5%
	Auszubildende/r	9	4,6%
	Student/in	47	23,9%
	Arbeiter/in	7	3,6%
	Angestellte/r	110	55,9%
	Beamter/in	0	0,0%
	Hausfrau/-mann	9	4,6%
	Rentner/in	1	0,5%
	Selbstständige/r	2	1,0%
	Arbeitssuchend	5	2,6%
	Sonstige	0	0,0%
	Keine Angabe	6	3,0%
Bildung	Hauptschulabschluss	13	6,6%
	Mittlere Reife	34	17,3
	Abitur	74	37,6%
	Hochschulabschluss	53	26,9%
	Sonstiger Abschluss	18	9,1%
	Kein Abschluss	0	0,0%
	Keine Angabe	5	2,6%
Nettomonats-einkommen	0-499€	22	11,2%
	500-999€	37	18,8%
	1000-1499€	38	19,3
	1500-1999€	28	14,2%
	2000-2999€	35	17,7%
	3000-3999€	16	8,1%
	mehr als 4000€	7	3,6%
	Keine Angabe	14	7,1%
Branchen-zugehörigkeit	Öffentliche und private Dienstleister	71	36,5%
	Finanzierung, Vermietung	31	16,2%
	Handel, Gastronomie, Verkehr	30	15,7%
	Landwirtschaft	2	1,0%
	Baugewerbe	2	1,0%
	Produzierendes Gewerbe	35	17,8%
	Sonstige	26	12,7%

Tabelle 2: Soziodemographische Merkmale[252]

[252] Quelle: Eigene Darstellung.

tur wählen. Mit 17,2% bilden die Personen, die einen Realschulabschluss bzw. die Mittlere Reife besitzen, die drittstärkste Gruppe im Bereich der Bildung. Die Abfrage des monatlichen Nettoeinkommens zeigt, dass das Einkommensniveau unter den Befragten recht gleichmäßig verteilt ist. In den Kategorien ‚500-999€', ‚1000-1499€', ‚1500-1999€' und ‚2000-2999€' liegt der Anteil der Befragten zwischen 14,1% und 19,2%. Auch hinsichtlich der Branchenzugehörigkeit wurden die Befragten gebeten Angaben zu machen. So arbeiten 36,5% bei öffentlichen oder privaten Dienstleistern, 16,2% im Bereich Finanzierung, Vermietung bzw. Unternehmensdienstleister und 15,7% im Bereich Handel, Gastronomie und Verkehr. Der Anteil Beschäftigter aus Landwirtschaft bzw. Baugewerbe ist mit je 1% nur marginal. Des Weiteren nahmen 17,8% Probanden teil, die im Bereich des produzierenden Gewerbes tätig sind.

4.3. Operationalisierung der zu untersuchenden Konstrukte und Darstellung der Ergebnisse und Gütekriterien auf Messmodellebene

4.3.1. Interest Value

Die Operationalisierung des Konstrukts Interest Value erfolgt anhand der von *Berthon, Ewing* und *Hah* erarbeiteten Dimensionen. Demnach sind „the organisation produces innovative products and services", „innovative employer-novel work practices/ forward thinking", "the organization both values and makes use of your creativity" und "the organization produces high-quality products and services" valide und reliable Indikatoren um das Konstrukt Interest Value zu operationalisieren.[253] Die Validität ist dabei ein Gütekriterium, das angibt, inwieweit ein Indikator misst, was zu messen beabsichtigt war.[254] Das Konstrukt Interest Value wird durch einen formativen Zusammenhang operationalisiert. Die Gesamtheit des Konstrukts wird durch die simultane Betrachtung der einzelnen Indikatoren sichtbar.

Die in *Tabelle 3* aufgeführten fünf Items sind alle signifikant und somit muss keiner der Indikatoren eliminiert werden. *Tabelle 4* zeigt die berechneten Gütekriterien auf Messmodellebene. Interest Value erfüllt sowohl für Multikollinearität, als auch für Diskriminanzvalidität die geforderten Gütekriterien.

[253] Vgl. Berthon/Ewing/Hah (2005), S. 161ff.
[254] Vgl. Bühner (2011), S. 61.

Indikator	Ladung	t-Wert
Mein Arbeitgeber bietet innovative Produkte oder Dienstleistungen an.	0,5307	6,7751
Mein Arbeitgeber bietet qualitativ hochwertige Produkte oder Dienstleistungen an.	0,7302	18,8692
Mein Arbeitgeber schätzt und nutzt die Kreativität seiner Arbeitnehmer.	0,8317	26,1206
Mein Arbeitgeber fördert neue und innovative Arbeitsweisen und bietet ein harmonisches Arbeitsklima.	0,8723	55,1463
Mein Arbeitgeber bietet ein interessantes Arbeitsumfeld.	0,8131	28,9710

Tabelle 3: Operationalisierung des Konstrukts Interest Value[255]

Gütekriterien für formative Konstrukte	Ausprägung bei Interest Value
Multikollinearität: Variance Inflation Factor < 10	Für alle Indikatoren erfüllt
Diskriminanzvalidität: Konstrukt-Korrelationen < 0,9	Erfüllt

Tabelle 4: Gütekriterien des Konstrukts Interest Value[256]

4.3.2. Social Value

Zur Operationalisierung des Konstrukts Social Value verwenden *Berthon, Ewing* und *Hah* in ihrer Studie die Indikatoren "having a good relationship with your colleagues", "having a good relationship with your superiors", "supportive and encouraging colleagues", "a fun work environment" und "happy work environment".[257] Die Autoren wiesen nach, dass die Indikatoren sowohl reliabel, d.h. frei von Zufallsfehlern, als auch valide sind. [258] Bei der Operationalisierung des Messmodells von Social Value liegt ein reflektiver Zusammenhang vor. Die Items spiegeln das Konstrukt in seiner Gesamtheit wieder und sind stark miteinander korreliert.

Die in *Tabelle 5* dargestellten Indikatoren, die das Konstrukt Social Value operationalisieren, sind alle signifikant. Auf die Elimination einzelner Indikatoren kann daher verzichtet werden. In *Tabelle 6* werden die Gütekriterien des Konstrukts dargestellt. Stone-Geisser Q^2 nimmt mit 0,5961 einen Wert größer null an. Social Value erfüllt somit das Gütekriterium für Vorher-

[255] Quelle: Eigene Darstellung.
[256] Quelle: Eigene Darstellung.
[257] Vgl. Berthon, Ewing, Hah (2005), S. 159f.
[258] Vgl. Berthon, Ewing, Hah (2005), S. 164f.

sagevalidität. Auch die Gütekriterien für Unidimensionalität, Konvergenz und Diskriminanzvalidität sind für das reflektive Konstrukt erfüllt.

Indikator	**Ladung**	**t-Wert**
Mir ist es wichtig gute Beziehungen zu Kollegen zu haben.	0,8944	21,3166
Ich schätze es gute Beziehungen zu Führungskräften zu haben.	0,7776	14,3111
Ich habe gerne Kollegen die mich ermuntern und unterstützen.	0,8586	19,3058
Ein harmonisches Arbeitsumfeld ist für mich von hoher Relevanz.	0,8853	19,1621
Ich schätze es ein Arbeitsumfeld zu haben, das mich zufriedenstellt.	0,773	23,1921

Tabelle 5: Operationalisierung des Konstrukts Social Value[259]

Gütekriterien für reflektive Konstrukte	**Ausprägung bei Social Value**
Vorhersagevalidität: Stone-Geissers $Q^2 > 0$	 0,5961
Unidimensionalität	Erfüllt
Konvergenz: DEV > 0,8 (mind. > 0,6) Konstruktreliabilität > 0,7	 0,739 0,934
Diskriminanzvalidität: Fornell-Larcker-Kriterium ($R^2 >$ DEV)	 Erfüllt

Tabelle 6: Gütekriterien des Konstrukts Social Value[260]

4.3.3. Economic Value

In ihrer Studie, die die Dimensionen der Arbeitgebermarkenattraktivität untersucht, ermitteln die Autoren *Berthon, Ewing* und *Hah* mittels explorativer und konformativer Faktoranalyse fünf Indikatoren, die das Konstrukt Economic Value messen.[261] In der vorliegenden Untersuchung werden die Indikatoren „an attractive overall compensation package", „an above average basic salary" sowie „job security within the organisation" zur Messung herangezogen. Da das Konstrukt Economic Value den ökonomischen Nutzen der Employer Brand misst, wird der Indikator „hands-on interdepartmental experience" eliminiert; er ist definitionsgemäß dem Application Value zugehörig. Um zu verhindern, dass der Indikator „good promotion opportunities within the organisation" auf Development Value lädt, wird dieser ebenfalls eliminiert. Die Operationalisierung des Konstruktzusammenhangs erfolgt formativ,

[259] Quelle: Eigene Darstellung.
[260] Quelle: Eigene Darstellung.
[261] Vgl. Berthon, Ewing, Hah (2005), S. 161ff.

da sich das Konstrukt Economic Value aus den einzelnen Indikatoren zusammensetzt. *Tabelle 7* zeigt die Indikatoren mit den dazugehörigen Ladungen und t-Werten. Die für formative Konstrukte geforderten Gütekriterien der Multikollinearität und Diskriminanzvalidität sind für das Konstrukt Economic Value erfüllt, sie sind in *Tabelle 8* dargestellt.

Indikatoren	**Ladung**	**t-Wert**
Ein gutes Grundgehalt ist für mich wichtig.	0,7606	3,6589
Es ist mir wichtig zusätzlich zu meinen Gehaltszahlungen weitere Leistungen, wie z.B. Sozialleistungen oder Sachzuwendungen zu erhalten.	0,4389	1,5510
Einen sicheren Arbeitsplatz zu haben ist für mich von hoher Relevanz.	0,9648	5,8591

Tabelle 7: Operationalisierung des Konstrukts Economic Value[262]

Gütekriterien für formative Konstrukte	**Ausprägung bei Economic Value**
Multikollinearität: Variance Inflation Factor < 10	Für alle Indikatoren erfüllt
Diskriminanzvalidität: Konstrukt-Korrelationen < 0,9	Erfüllt

Tabelle 8: Gütekriterien des Konstrukts Economic Value[263]

4.3.4. Development Value

Die Operationalisierung von Development Value erfolgt anhand von vier Indikatoren. Zur Messung des Konstruktzusammenhangs werden die Indikatoren „feeling more self-confident as a result of working for a particular organisation“, “gaining career-enhancing experience”, “a springboard for future employment” und “recognition/ appreciation from management” herangezogen, die sich allesamt bereits als reliabel und valide erwiesen haben.[264]

Im Gegensatz zur ursprünglichen Operationalisierung von *Berthon, Ewing* und *Hah* wird in der vorliegenden Untersuchung auf den Indikator “feeling good about yourself as a result of working for a particular organization” verzichtet, da dieser Indikator eine hohe Ähnlichkeit mit den Indikatoren des Konstrukts Employer Attractiveness aufweist. Um die Möglichkeit auszuschließen, dass der Indikator auf das Konstrukt Employer Attractiveness lädt, wurde er

262 Quelle: Eigene Darstellung.
263 Quelle: Eigene Darstellung.
264 Vgl. Berthon/Ewing/Hah (2005), S. 160ff.

im Vorhinein eliminiert. Der vorliegende Konstruktzusammenhang ist reflektiv, die Items spiegeln das Konstrukt in seiner Gesamtheit wieder und sind stark miteinander korreliert.

Indikator	Ladung	t-Wert
Für meinen Arbeitgeber arbeiten zu dürfen stärkt mein Selbstvertrauen.	0,7901	11,9808
Es ist mir wichtig Erfahrungen zu sammeln, die für mein berufliches Weiterkommen wichtig sind.	0,7693	10,0086
Es ist mir wichtig einen Arbeitsplatz zu haben, der für mich ein Sprungbrett für zukünftige Bewerbungen darstellt.	*eliminiert*	
Ich finde es wichtig, dass mein Vorgesetzter mich und meine Leistungen schätzt.	0,7060	8,8732

Tabelle 9: Operationalisierung des Konstrukts Development Value[265]

Die Ladungen und die dazugehörigen t-Werte der einzelnen Indikatoren sind in *Tabelle 9* dargestellt. Die Gütekriterien für das reflektive Konstrukt Development Value sind *Tabelle 10* zu entnehmen. Sie sind allesamt erfüllt.

Gütekriterien für reflektive Konstrukte	Ausprägung bei Development Value
Vorhersagevalidität: Stone-Geissers $Q^2 > 0$	0,1019
Unidimensionalität	Erfüllt
Konvergenz: DEV > 0,8 (mind. > 0,6) Konstruktreliabilität > 0,7	 0,572 0,800
Diskriminanzvalidität: Fornell-Larcker-Kriterium (R^2 > DEV)	Erfüllt

Tabelle 10: Gütekriterien des Konstrukts Development Value[266]

4.3.5. Application Value

In ihrer Studie extrahieren *Berthon, Ewing* und *Hah* mittels Faktoranalyse das Konstrukt Application Value. Das Konstrukt umfasst dabei fünf Indikatoren. Zur Messung des Konstruktzusammenhangs werden in der vorliegenden Studie die vier Indikatoren „Opportunity to teach others what you have learned“, Opportunity to apply what was learned […]“, „The organisa-

[265] Quelle: Eigene Darstellung.
[266] Quelle: Eigene Darstellung.

tion is customer-oriented“ und „Humanitarian organisation“ verwendet.[267] Der Indikator „Acceptance and belonging“ wurde bereits im Vorfeld aufgrund der Ähnlichkeit zu Indikatoren des Konstrukts Social Value ausgeschlossen.

Das Konstrukt Application Value erwies sich bereits in der Studie von *Berthon, Ewing* und *Hah* als reliabel und valide.[268] Bei der Operationalisierung des Konstrukts Application Value liegt ein formativer Zusammenhang vor. Eine Änderung nur eines Indikators hätte unmittelbar eine Änderung von Development Value zur Folge. *Tabelle 11* gibt einen Überblick über die Ladungen und t-Werte der einzelnen Indikatoren des Konstrukts. Die Gütekriterien des formativen Konstrukts Application Value sind in *Tabelle 12* dargestellt. Die Prüfung auf Multikollinearität erfolgt anhand des VIF, der für das Konstrukt Application Value wie gefordert einen Wert kleiner 10 annimmt. Das Gütekriterium der Diskriminanzvalidität kann Application Value ebenfalls erfüllen.

Indikator	**Ladung**	**t-Wert**
Ich kann mein vorhandenes Wissen auch an andere weitergeben.	0,5564	4,2457
Ich kann mein vorhandenes Wissen anwenden.	0,7037	6,5962
Mein Arbeitgeber agiert kundenorientiert.	0,7698	16,4601
Mein Arbeitgeber agiert sozial und verantwortungsbewusst.	0,7896	21,8523

Tabelle 11: Operationalisierung des Konstrukts Application Value[269]

Gütekriterien für formative Konstrukte	**Ausprägung bei Application Value**
Multikollinearität: Variance Inflation Factor < 10	Für alle Indikatoren erfüllt
Diskriminanzvalidität: Konstrukt-Korrelationen < 0,9	Erfüllt

Tabelle 12: Gütekriterien des Konstrukts Application Value[270]

[267] Vgl. Berthon/Ewing/Hah (2005), S. 161f.
[268] Vgl. Berthon/Ewing/Hah (2005), S. 164f.
[269] Quelle: Eigene Darstellung.
[270] Quelle: Eigene Darstellung.

4.3.6. Image Value

In ihrer Studie zu den Dimensionen von Markenpersönlichkeiten entwickelt *Aaker* ein fünf Dimensionen umfassendes Messmodell. Die fünf Dimensionen "Sincerity", "Excitement", "Competence", "Sophistication" und "Ruggedness" werden dabei von insgesamt 44 Indikatoren gemessen.[271]In der Studie von *Lievens, Van Hoye und Schreurs* wurde das von *Aaker* entwickelte Messmodell bereits auf den Recruiting-Kontext übertragen und erwies sich als reliabel und valide.[272] Aus Gründen der Fragebogenökonomik wurden die 44 Indikatoren verdichtet und die fünf Dimensionen anhand von insgesamt 15 Facetten durch ein Konstrukt zweiter Ordnung[273] abgefragt.[274]

Die Operationalisierung der Konstrukte erster Ordnung erfolgt reflektiv, die einzelnen Facetten der Dimensionen sind untereinander stark korreliert. Dagegen wird das Konstrukt zweiter Ordnung formativ operationalisiert. Diese Form der Modellierung ermöglicht, vor allem in Bezug auf Theorietests, die Erfassung von Messfehlern in den einzelnen Dimensionen.[275] Die Dimensionen repräsentieren gemeinsam die Gesamtheit des Konstrukts Image Value. Eine Änderung der Dimensionen hätte auch eine Änderung von Image Value zur Folge. Auf Messmodellebene wurden zunächst die Gewichtungen der Dimensionen ermittelt. Das Konstrukt zweiter Ordnung wurde dann mit den gewichteten Dimensionen ermittelt. Die Faktorladungen und t-Werte der Dimensionen sind *Tabelle 14* zu entnehmen. Die Gütekriterien für das formative Konstrukt Image Value sind in *Tabelle 13* dargestellt und werden alle erfüllt.

Gütekriterien für formative Konstrukte	**Ausprägung bei Image Value**
Multikollinearität: Variance Inflation Factor < 10	Für alle Dimensionen erfüllt
Diskriminanzvalidität: Konstrukt-Korrelationen < 0,9	Erfüllt

Tabelle 13: Gütekriterien des Konstrukts Image Value[276]

[271] Vgl. Aaker (1997), S. 354.
[272] Vgl. Lievens/Van Hoye/Schreurs (2005), 558ff.
[273] Zur Modellierung von Konstrukten zweiter Ordnung vgl. Huber et al. (2007), S. 27ff.
[274] s. Tabelle 12: Operationalisierung des Konstrukts Image Value.
[275] Vgl. Huber et al. (2007), S. 30.
[276] Quelle: Eigene Darstellung.

Facetten	Dimension	Ladung	t-Wert
bodenständig ehrlich gesund heiter	Sincerity	0,8404	37,7637
wagemutig temperamentvoll phantasievoll modern	Excitement	0,6471	11,1657
zuverlässig intelligent erfolgreich	Competence	0,8723	53,4394
vornehm charmant	Sophistication	0,7179	15,7660
maskulin zäh	Ruggedness	0,3842	3,7238

Tabelle 14: Operationalisierung des Konstrukts Image Value[277]

4.3.7. Employer Attractiveness

Bei der Operationalisierung von Employer Attractiveness wird auf die Itembatterie von *Ruth* und *Simonin* zurückgegriffen. Übertragen auf die vorliegende Arbeit soll die verwendete Itembatterie die Arbeitgeberattraktivität messen. Employer Attractiveness wird demnach anhand der drei Indikatoren „negative/positive“, „unfavorable/favorable“ und „bad/good“ operationalisiert, die sich als reliabel erwiesen haben.[278] Die Items weisen untereinander eine gewisse Ähnlichkeit auf und sind stark miteinander korreliert. Sie stellen je für sich eine verkleinerte Sichtweise des Konstrukts Employer Attractiveness dar. Der Konstruktzusammenhang von Employer Attractiveness wird reflektiv operationalisiert. Die einzelnen Indikatoren sind sich stark ähnlich und sind hoch miteinander korreliert. *Tabelle 15* zeigt die Faktorladungen und t-Werte der Indikatoren. Die Darstellung der Gütekriterien auf Messmodellebene erfolgt in *Tabelle 16.*

Indikator	Ladung	t-Wert
Ich bin meinem Arbeitgeber gegenüber positiv eingestellt.	0,9560	80,2062
Ich bin meinem Arbeitgeber gegenüber gefällig eingestellt.	*eliminiert*	
Meine Einstellung gegenüber meinem Arbeitgeber ist gut.	0,9500	54,8940

Tabelle 15: Operationalisierung des Konstrukts Employer Attractiveness[279]

---

[277] Quelle: Eigene Darstellung.
[278] Vgl. Ruth/Simonin (2003), S. 24.
[279] Quelle: Eigene Darstellung.

Gütekriterien für reflektive Konstrukte	Ausprägung bei Employer Attractiveness
Vorhersagevalidität: Stone-Geissers $Q^2 > 0$	 0,5733
Unidimensionalität	Erfüllt
Konvergenz: DEV > 0,8 (mind. > 0,6) Konstruktreliabilität > 0,7	 0,908 0,952
Diskriminanzvalidität: Fornell-Larcker-Kriterium (R^2 > DEV)	 Erfüllt

Tabelle 16: Gütekriterien des Konstrukts Employer Attractiveness[280]

4.3.8. Commitment

In ihrer Studie zeigen *Kimpakorn* und *Tocquer* einen signifikanten Zusammenhang zwischen dem durch einen Arbeitgeber wahrgenommen Employer Branding und dem Commitment des Arbeitnehmers gegenüber der Consumer Brand auf.[281] Die Itembatterie von *Kimpakorn* und *Tocquer* umfasst neun Items: "with this hotel I obtain what I look for [...]", „accept almost any type of job assignment in order to keep working for [...]","willing to put a great deal of efforts [...]"; "tell my friends that it is a great hotel to work for", "tell others I'm proud to be part of this hotel brand", "this is the best of all possible hotels to work for", "it would take me very little to cause me to leave [...]", "extremely glad that I chose to work for [...]" und "I really care about this hotel brand".[282] Alle Items erwiesen sich dabei als reliabel.[283] Aus Gründen der Fragebogenökonomik wurden die vorliegenden neun auf fünf Items verdichtet.

Die Operationalisierung des Messmodells Commitment weist einen reflektiven Zusammenhang auf. Die Indikatoren sind sich einander sehr ähnlich und somit stark miteinander korreliert und stellen jeweils alleinstehend ein verkleinertes Abbild des Konstrukts Commitment dar. *Tabelle 17* gibt einen Überblick über die Indikatoren und ihre dazugehörigen Faktorladungen und t-Werte. Die Gütekriterien für das reflektive Konstrukt Commitment sind in *Tabelle 18* dargestellt. Die Gütekriterien für Vorhersagevalidität, Unidimensionalität, Konvergenz und Diskriminanzvalidität sind allesamt erfüllt.

[280] Quelle: Eigene Darstellung.
[281] Vgl. Kimpakorn/Tocquer (2009), S. 538f.
[282] Vgl. Kimpakorn/Tocquer (2009), S. 544.
[283] Vgl. Kimpakorn/Tocquer (2009). S. 537

Indikator	Ladung	t-Wert
Ich erzähle Freunden oder Bekannten oft, dass ich gerne für meinen Arbeitgeber arbeite.	0,9387	105,8001
Ich bin glücklich mich für meinen Arbeitgeber entschieden zu haben.	0,9213	82,4758
Ich würde auch andere oder zusätzliche Aufgaben übernehmen, um zukünftig weiter für meinen Arbeitgeber arbeiten zu können.	0,9241	64,9100
Es bräuchte große Anstrengungen um mich dazu zu bewegen, meinen Arbeitgeber zu verlassen.	0,8949	53,4656
Für mich ist mein Arbeitgeber die beste Alternative am Arbeitsmarkt.	0,9254	71,0853

Tabelle 17: Operationalisierung des Konstrukts Commitment[284]

Gütekriterien für reflektive Konstrukte	Ausprägung bei Commitment
Vorhersagevalidität: Stone-Geissers $Q^2 > 0$	 0,7527
Unidimensionalität	Erfüllt
Konvergenz: DEV > 0,8 (mind. > 0,6) Konstruktreliabilität > 0,7	 0,848 0,965
Diskriminanzvalidität: Fornell-Larcker-Kriterium ($R^2 >$ DEV)	 Erfüllt

Tabelle 18: Gütekriterien des Konstrukts Commitment[285]

4.3.9. Trust

Bei der Operationalisierung des Konstrukts Trust wird in der vorliegenden Arbeit auf die von *MacMillan et al.* entwickelten Indikatoren zurückgegriffen: „...very unpredictable. I never know how they are going to act [...]“, „I can never be sure what the NPO are going to surprise us with”, “...will be thoroughly dependable [...]”, “...will be reliable in the future”, “though times may change... I know that [...] offer the support I may need“ und “never let us down, even if they found themselves in an unforeseen situation“.[286] Die Indikatoren erwiesen sich in der Studie von *MacMillan et al.* sowohl als reliabel, als auch als valide.[287] Die Operationalisierung von Trust erfolgt reflektiv. Die einzelnen Indikatoren sind sich stark ähnlich und sind hoch miteinander korreliert. Sie stellen jeweils für sich ein verkleinertes Abbild von Trust dar. Die auf der Messmodellebene ermittelten Faktorladungen und t-Werte sind *Tabelle*

[284] Quelle: Eigene Darstellung.
[285] Quelle: Eigene Darstellung.
[286] Vgl. MacMillan et al. (2005), S. 813.
[287] Vgl. MacMillan et al. (2005), S. 811.

19 zu entnehmen. Die Gütekriterien für das Konstrukt Trust sind in *Tabelle 20* dargestellt und werden alle erfüllt.

Indikator	**Ladung**	**t-Wert**
Mein Arbeitgeber ist unberechenbar. Ich kann nie wissen, was mich am nächsten Tag erwartet (R).	*eliminiert*	
Ich weiß nie mit was mich mein Arbeitgeber als nächstes überraschen wird. (R)	*eliminiert*	
Ich bin mir sicher, dass ich mich auf meinen Arbeitgeber verlassen kann, insbesondere was mich persönlich betrifft.	0,8850	36,6548
Ich bin mir sicher, dass ich mich auch zukünftig auf meinen Arbeitgeber verlassen kann.	0,9142	57,7407
Auch wenn sich die Umstände in der Zukunft ändern könnten, bin ich mir sicher, dass mir mein Arbeitgeber die Unterstützung entgegenbringen wird, die ich benötige.	0,9288	68,9454
Ich bin mir sicher, dass mein Arbeitgeber auch dann noch verlässlich sein wird, wenn er sich einmal in einer schwierigen Situation befinden sollte.	0,8690	37,4314

Tabelle 19: Operationalisierung des Konstrukts Trust[288]

Gütekriterien für reflektive Konstrukte	**Ausprägung bei Trust**
Vorhersagevalidität: Stone-Geissers $Q^2 > 0$	 0,6572
Unidimensionalität	Erfüllt
Konvergenz: DEV > 0,8 (mind. > 0,6) Konstruktreliabilität > 0,7	 0,809 0,944
Diskriminanzvalidität: Fornell-Larcker-Kriterium (R^2 > DEV)	 Erfüllt

Tabelle 20: Gütekriterien des Konstrukts Trust[289]

4.3.10. Employer Awareness

Die Operationalisierung des Konstrukts Employer Awareness erfolgt anhand der von *Lievens, Van Hoye* und *Schreurs* erarbeiteten Dimensionen. In ihrer Studie untersuchen Sie die Wirkungsbeziehung zwischen Employer Awareness und organisationaler Attraktivität. Die Autoren stellen dabei „familiar with ", „heard from others" und „heard many things about" als In-

---

[288] Quelle: Eigene Darstellung.
[289] Quelle: Eigene Darstellung.

dikatoren heraus.[290] Die Messung von Employer Awareness soll in der vorliegenden Arbeit anhand der genannten Indikatoren erfolgen. Das Messmodell Employer Awareness wird dabei durch einen reflektiven Zusammenhang operationalisiert. Die Indikatoren sind stark miteinander korreliert und weisen eine gewisse Ähnlichkeit auf. Sie können als verkleinertes Abbild des Konstrukts Employer Awareness wahrgenommen werden. *Tabelle 21* und *Tabelle 22* zeigen die Faktorladungen und t-Werte der Indikatoren sowie die Gütekriterien für das Konstrukt Employer Awareness. Die Gütekriterien der Vorhersagevalidität, Unidimensionalität, Konvergenz und Diskriminanzvalidität erfüllt das Konstrukt Employer Awareness allesamt.

Indikator	Ladung	t-Wert
Ich möchte mit einem potentiellen Arbeitgeber vertraut sein, bevor ich ihn in Betracht ziehe.	0,8725	8,6409
Ich möchte vorab bereits von Dritten etwas über einen potentiellen Arbeitgeber gehört haben.	*eliminiert*	
Ich möchte vorab bereits über ein umfassendes Wissen über einen potentiellen Arbeitgeber verfügen.	0,8767	6,5745

Tabelle 21: Operationalisierung des Konstrukts Employer Awareness[291]

Gütekriterien für reflektive Konstrukte	Ausprägung bei Employer Awareness
Vorhersagevalidität: Stone-Geissers $Q^2 > 0$	0,2831
Unidimensionalität	Erfüllt
Konvergenz: DEV > 0,8 (mind. > 0,6) Konstruktreliabilität > 0,7	0,765 0,867
Diskriminanzvalidität: Fornell-Larcker-Kriterium (R^2 > DEV)	Erfüllt

Tabelle 22: Gütekriterien des Konstrukts Employer Awareness[292]

4.3.11. Einfluss der Beschäftigungsdauer

Die Messung des Moderators Beschäftigungsdauer erfolgte anhand einer offenen Frage, in der die Probanden direkt gefragt wurden, im wievielten Jahr sie bereits bei ihrem Arbeitgeber beschäftigt sind. Diese Befragungsmethodik erwies sich bereits in früheren Studien als verlässlich. So griffen *Kotabe, Martin* und *Domoto* in ihrer Studie zu vertikalen Unternehmens-

[290] Vgl. Lievens/Van Hoye/Schreurs (2005), S. 570.
[291] Quelle: Eigene Darstellung.
[292] Quelle: Eigene Darstellung.

beziehungen ebenfalls auf die Möglichkeit einer offenen Frage zurück um den moderierenden Einfluss der Beziehungsdauer im Rahmen von Unternehmens-Zuliefererbeziehungen empirisch zu erfassen.[293] Um Fragebogenabbrüche zu vermeiden, wurde an dieser Stelle des online-gestützten Fragebogens auf die Option, die Beantwortung der Frage zu verpflichten, verzichtet. Den Probanden war es daher möglich, die Frage durch klicken des Weiter-Buttons zu überspringen, z.B. wenn sie durch eine momentane Arbeitslosigkeit oder aus persönlichen Gründen die Frage nicht beantworten konnten oder wollten. Diese Möglichkeit nutzte kein Proband. Somit standen für die Auswertung 197 Datensätze zur Verfügung. Anhand des Medians wurde die Untersuchungsgesamtheit in Probanden mit kurzer und in Probanden mit langer Beschäftigungsdauer unterteilt. Der Median bzw. das 50%-Quantil teilt eine Häufigkeitsverteilung in zwei gleich große Hälften.[294] Der Vorteil des Medians gegenüber dem Mittelwert ist vor allem in seiner Robustheit gegenüber Ausreißern zu sehen.[295] Der Median der Stichprobe lag bei 4 Jahre, die Untersuchungsgesamtheit wurde daraufhin in zwei Gruppen geteilt. 103 Probanden wurden der Gruppe mit kurzer Beschäftigungsdauer und 94 Probanden der Gruppe mit langer Beschäftigungsdauer zugeordnet.

4.3.12. Einfluss der Position im Hierarchiegefüge

Zur Erfassung der Moderatorvariable Position im Hierarchiegefüge wurden die Befragungsteilnehmer gebeten ihre aktuelle Hierarchiesituation einer von drei Auswahlmöglichkeiten zuzuordnen. Die Auswahlmöglichkeiten orientieren sich dabei an in der Literatur gängigen Unterscheidungen zwischen oberen Instanzen, Zwischeninstanzen und unteren Instanzen, wie sie z.B. bei *Bühner* zu finden ist.[296] Die im Rahmen der Untersuchung verwendeten Auswahlmöglichkeiten bzw. Definitionen sind *Tabelle 23* zu entnehmen. Insgesamt wurden 63 Probanden der unteren Instanz bzw. den Ausführungsstellen zugeordnet. 68 Befragungsteilnehmer wählten die Zwischeninstanz bzw. assoziierten ihre Position im Unternehmen mit einer Stabsstelle. Da drei Probanden die Frage nicht beantworteten, bleiben 63 Datensätze, die der oberen Hierarchieebene zugeordnet werden.

---

[293] Vgl. Kotabe/Martin/Domoto (2003), S. 303.
[294] Vgl. Schira (2005), S. 295f.
[295] Vgl. Rau (2004), S. 120f.
[296] Vgl. Bühner (2004), S. 66f.

Indikator
Sie haben unmittelbar mit der Erstellung von Produkten oder Dienstleistungen zu tun.
Sie sind entscheidungsunterstützend tätig. Sie verfügen über kein allgemeines Weisungs-oder Entscheidungsrecht. Ggf. verfügen Sie allerdings über ein fachliches Weisungsrecht gegenüber Ihnen unterstellten Mitarbeitern.
Sie haben Entscheidungs- sowie Weisungsbefugnis (fachlich und disziplinarisch) und tragen Eigen- und Fremdverantwortung.

Tabelle 23: Abfrage der Moderatorvariable Position im Hierarchiegefüge[297]

4.4. Darstellung der Ergebnisse der PLS-Schätzung auf Strukturmodellebene

Im Folgenden werden nun die Hypothesen auf Strukturmodellebene überprüft. Dies geschieht anhand der Pfadkoeffizienten und t-Werte die *Abbildung 4* zu entnehmen sind und anhand derer die Modellverbindungen auf Signifikanz überprüft werden. Der Test der Hypothesen erfolgt zweiseitig. Für ein Signifikanzniveau von 10% muss der resultierende t-Wert daher mindestens bei 1,66 und für ein Signifikanzniveau von 5% mindestens bei 1,98 liegen. Überschreitet der resultierende Wert den kritischen Wert von 1,66 bzw. 1,98 oder ist diesem gleich, so wird die Hypothese bestätigt. Des Weiteren sollten die Pfadkoeffizienten den Wert 0,1 überschreiten. *Tabelle 24* gibt einen Überblick über die ermittelten t-Werte und Pfadkoeffizienten für den Hypothesentest.

Hypothesen	t-Wert	Pfadkoeffizient
H_1: Interest Value → Employer Attractiveness	3,7518	0,239
H_2: Social Value → Employer Attractiveness	0,6532	0,065
H_3: Economic Value → Employer Attractiveness	0,5617	0,077
H_4: Development Value → Employer Attractiveness	1,6760	0,142
H_5: Application Value → Employer Attractiveness	3,6458	0,215
H_6: Image Value → Employer Attractiveness	6,7442	0,407
H_7: Employer Attractiveness → Commitment	8,9708	0,602
H_8: Employer Attractiveness → Trust	9,2996	0,355
H_9: Employer Attractiveness → Awareness	2,5719	0,194

Tabelle 24: t-Werte und Pfadkoeffizienten der Hypothesen H_1 bis H_9[298]

Die Hypothesen H_1 und H_5-H_9 weisen alle einen t-Wert größer als 1,98 auf und sind demnach auf dem 5%-Niveau signifikant. Die Hypothese H_4 weist einen t-Wert von 1,6760 auf, der den kritischen Wert von 1,66 übersteigt und ist somit auf dem 10%-Niveau signifikant. Für Hypo-

[297] Quelle: Eigene Darstellung.
[298] Quelle: Eigene Darstellung.

these H_2 weist der t-Wert einen Wert auf, der unter dem kritischen Wert von 1,66 liegt. Auch der Pfadkoeffizient weist einen Wert auf, der unter der Grenze von 0,1 liegt. Hypothese H_2 wird daher abgelehnt. Die Hypothese H_3 wird ebenfalls abgelehnt, da sowohl t-Wert, als auch Pfadkoeffizient keine signifikanten Werte aufweisen. Eine Übersicht über die Pfadkoeffizienten und die t-Werte gibt *Abbildung 4*.

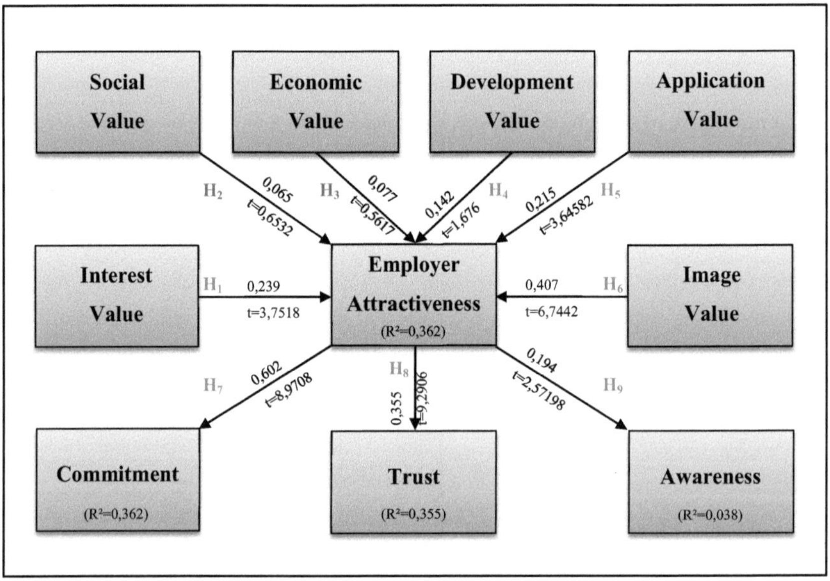

Abbildung 4: Pfadkoeffizienten und t-Werte der Hypothesen H_1-H_9[299]

Die erklärte Varianz R^2 der endogenen Konstrukte muss einen Wert von 0,3 übersteigen. Wie *Abbildung* 4 zu entnehmen ist, beträgt der Wert des R^2 für Employer Attractiveness 0,362. Das Konstrukt wird somit hinreichend durch die auf es einwirkenden Konstrukte erklärt. Auch für die Konstrukte Commitment und Trust übersteigen die Werte der R^2 mit 0,362 und 0,355 das geforderte Mindestniveau von 0,3. Auch Commitment und Trust werden somit hinreichend durch vorgelagerte Konstrukte erklärt. Für das Konstrukt Employer Awareness

[299] Quelle: Eigene Darstellung.

konnte auf Strukturmodellebene ein R^2 von 0,028 ermittelt werden. Die erklärte Varianz des endogenen Konstrukts unterschreitet den geforderten Mindestwert von 0,3 deutlich. Vorgelagerte Konstrukte erklären Employer Awareness nicht hinreichend. Dies ist als nicht kritisch anzusehen, da es nicht unbedingt Ziel war in der vorliegenden Untersuchung das Konstrukt vollständig zu erklären.

Die Prüfung auf Multikollinearität erfolgt anhand des Varianzinflationsfaktors (VIF). Es wird geprüft, ob die endogenen Konstrukte durch vorgelagerte Konstrukte vorhergesagt werden können und somit eine Korrelation zwischen den Konstrukten besteht.[300,] Dabei sollte Multikollinearität grundsätzlich nicht vorliegen. Der kritische Wert des VIFs sollte 10 nicht übersteigen.[301] Der VIF berechnet sich dabei anhand der Formel: $\mathrm{VIF} = \frac{1}{1-R^2}$. Für die Berechnung ist das korrigierte R^2 heranzuziehen.[302] *Tabelle 25* zeigt die Werte für das korrigierte R^2 und den Varianzinflationsfaktor. Der VIF liegt für alle getesteten Konstrukte unter dem kritischen Wert von 10. Auf Strukturmodellebene liegt somit keine Multikollinearität vor.

Konstrukt	**Wert des korrigierten R^2**	**Varianzinflationsfaktor**
Interest Value	0,328	0,892416
Social Value	0,434	0,811644
Economic Value	0,345	0,880975
Development Value	0,454	0,793884
Application Value	0,478	0,771516
Image Value	0,499	0,750999
Employer Attractiveness	0,566	0,679644

Tabelle 25: Test auf Multikollinearität - Korrigiertes R^2 und Varianzinflationsfaktor[303]

Ein weiteres Gütekriterium auf Strukturmodellebene stellt die Vorhersagevalidität dar. Die Prüfung auf Vorhersagevalidität ist in *Tabelle 26* dargestellt und ist in Bezug auf endogene, reflektive Konstrukte durchzuführen. Äquivalent zur Überprüfung auf Messmodellebene wird erneut Stone-Geissers Q^2 herangezogen, welches angibt, wie gut die latenten Variablen durch vorausgestellte Konstrukte erklärt werden. Stone-Geissers Q^2 sollte dabei einen Wert anneh-

[300] Vgl. Huber et al. (2007), S. 108.; Schaich/Schmidt/Rottmann/Auer (2010).
[301] Vgl. Huber et al. (2007), S. 109.
[302] Vgl. Backhaus/Erichson/Plinke/Weiber (2006), S. 91.
[303] Quelle: Eigene Darstellung.

men, der größer null ist.[304] Für Attractiveness, Commitment und Trust konnte jeweils ein Wert für Q^2 ermittelt werden, der den kritischen Wert von null übersteigt. Für die genannten Konstrukte ist demnach Vorhersagevalidität gegeben. Employer Attractiveness wird demnach gut durch die sechs vorgelagerten Konstrukte erklärt. Commitment und Trust werden wiederum beide durch das vorgelagerte Konstrukt Employer Attractiveness hinreichend erklärt. Für das Konstrukt Employer Awareness wurde für Stone-Geissers Q^2 ein Wert von -0,4608 ermittelt. Die Vorhersagevalidität ist für Employer Awareness nicht gegeben. Das Konstrukt Employer Awareness kann durch Employer Attractiveness nur unzureichend vorhergesagt werden. Dies wurde bereits zuvor durch den geringen Wert der erklärten Varianz von Employer Awareness deutlich, die einen Wert von 0,038 annimmt.

Konstrukt	**Stone-Geissers Q^2**
Employer Attractiveness	0,5737
Commitment	0,1749
Trust	0,1565
Employer Awareness	-0,4608

Tabelle 26: Test auf Vorhersagevalidität[305]

4.5. Überprüfung des moderierenden Effekts der Beschäftigungsdauer

Nach dem das Untersuchungsmodell nun auf Strukturmodellebene überprüft wurde, soll nun nachfolgend der Einfluss der Moderatorvariablen überprüft werden. Hierzu wird der Gruppenvergleich nach *Chin* herangezogen, anhand dessen untersucht werden kann, ob Unterschiede in den Schätzern vorhanden sind.[306] Um den Gruppenvergleich durchführen zu können, muss zunächst sichergestellt werden, dass für die Gruppen gleiche Messmodelle verwendet werden und somit die Messmodelle im Hinblick auf die verwendeten Indikatoren identisch sind.[307] Der im Rahmen des Gruppenvergleichs errechnete t-Wert folgt einer t-Verteilung mit m+n-2 Freiheitsgraden.[308]

[304] Vgl. Huber et al. (2007), S. 113.
[305] Quelle: Eigene Darstellung.
[306] Vgl. Chin (2000).
[307] Vgl. Huber et al. (2007), S. 118.
[308] Vgl. Chin (2000).

Hypothese H_{10} postuliert einen Einfluss der Beschäftigungsdauer auf die Konstruktzusammenhänge des Untersuchungsmodells. Zur Überprüfung der Hypothese wurde die Untersuchungsgesamtheit zunächst anhand des Medians, der bei 4 Jahren lag, in zwei Untersuchungsgruppen getrennt. Es wurden 103 Probanden der Gruppe „Kurze Beschäftigungsdauer" und 94 Probanden der Gruppe „Lange Beschäftigungsdauer" zugeordnet. Die Ergebnisse der Analyse sind *Tabelle 27* zu entnehmen. Unabhängig von der Beschäftigungsdauer werden die Hypothesen H_1 und H_4-H_8 bestätigt. Interest Value, Development Value, Application Value und Image Value haben somit, unabhängig von der Beschäftigungsdauer, einen positiv signifikanten Einfluss auf Employer Attractiveness. Der für beide Gruppen identische Effekt von Employer Attractiveness auf Commitment und Trust weist ebenfalls nicht auf einen signifikanten Effekt des Moderators Beschäftigungsdauer hin. In Bezug auf die Hypothesen H_2 und H_3 konnten im Rahmen des Gruppenvergleichs signifikante Unterschiede festgestellt werden. Während die beiden Hypothesen für Probanden mit niedriger Beschäftigungsdauer abgelehnt werden, können sie für Probanden mit langer Beschäftigungsdauer angenommen werden. Der Einfluss von Social Value ist ebenso wie der Einfluss von Economic Value für Probanden mit langer Beschäftigungsdauer signifikant wichtiger. Hypothese H_9 unterstellt eine positive Wirkung von Employer Attractiveness auf Employer Awareness. Die Hypothese wird für eine kurze Beschäftigungsdauer bestätigt, während sie für eine lange Beschäftigungsdauer wiederlegt wird. Die t-Statistik des Gruppenvergleichs weist allerdings auf keinen signifikanten Unterschied hin.

Im Hinblick auf die Gütekriterien der Strukturmodellebene, die *Tabelle 28* entnommen werden können, kann festgestellt werden, dass die Gütekriterien für Employer Attractiveness, Commitment und Trust für die Gruppe lange Beschäftigungsdauer hinreichend erfüllt sind. Employer Awareness erfüllt weder den kritischen R^2-Wert noch den kritischen Q^2-Wert. Auch für die Gruppe der langen Beschäftigungsdauer ist für die Variablen Employer Attractiveness, Commitment und Trust Vorhersagevalidität gegeben. Während für Employer Attractiveness auch die erklärte Varianz mit 0,743 einen Wert annimmt, der die geforderten 0,3 deutlich überschreitet, kann für Commitment und Trust kein hinreichender Wert festgestellt werden. Allerdings sind für beide Variablen die Abweichungen vom kritischen Wert nur geringfügig. Wie bereits für die Gruppen der kurzen Beschäftigungsdauer kann auch für die Gruppe der langen Beschäftigungsdauer im Hinblick auf die Güte des Konstrukts Employer Awareness festgestellt werden, dass das Konstrukt die vorgegebenen Gütekriterien in keiner Weise erfüllt.

Hypothese	kurze Beschäftigungsdauer			lange Beschäftigungsdauer			Gruppenvergleich	
	Pfadkoeffizient	t-Wert	Standardfehler	Pfadkoeffizient	t-Wert	Standardfehler	t-Statistik	
H_1	0,2670	3,3690	0,0793	0,1490	1,7336	0,0860	x	1,0155
H_2	0,0070	0,1301	0,0538	-0,1740	1,7791	0,0978	√	1,6680
H_3	-0,0960	1,5536	0,0618	0,1550	2,1027	0,0737	√	-2,6387
H_4	0,1590	2,2244	0,0715	0,1440	1,8236	0,0790	x	0,1418
H_5	0,1990	2,7593	0,0721	0,3140	3,0181	0,0140	x	-0,9266
H_6	0,3980	4,7587	0,0836	0,4050	4,7215	0,0858	x	-0,0587
H_7	0,6710	11,5711	0,0580	0,5250	4,7918	0,1096	x	1,2128
H_8	0,6670	11,9050	0,0560	0,5220	5,0869	0,1026	x	1,2764
H_9	0,2190	2,1049	0,1040	0,2010	1,5393	0,1306	x	0,1093

Tabelle 27: Überprüfung des Hypothesensystems für kurze und lange Beschäftigungsdauer[309]

	Kurze Beschäftigungsdauer		Lange Beschäftigungsdauer	
	$R^2 > 0,3$	$Q^2 > 0$	$R^2 > 0,3$	$Q^2 > 0$
Employer Attractiveness	0,695	0,5639	0,743	0,5939
Commitment	0,451	0,2837	0,276	0,0480
Trust	0,445	0,2602	0,273	0,0376
Employer Awareness	0,048	-0,4265	0,040	-0,4773

Tabelle 28: R^2 und Q^2-Werte für kurze und lange Beschäftigungsdauer[310]

4.6. Überprüfung des moderierenden Effekts der Position im Hierarchiegefüge

Hypothese H_{11} unterstellt, dass die Position im Hierarchiegefüge einen Einfluss auf die Strukturzusammenhänge des Untersuchungsmodells hat. Im Rahmen der Untersuchung wurde die Untersuchungsgesamtheit in drei Gruppen getrennt. 63 Probanden wurden dem Segment Untere Hierarchiestufe zugeordnet. Die Gruppe der mittleren Hierarchiestufe bestand aus 68 Probanden und 63 Befragte wählten die obere Hierarchiestufe als sie nach ihrer Hierarchieposition gefragt wurden.

[309] Quelle: Eigene Darstellung.
[310] Quelle: Eigene Darstellung.

Zunächst werden nun die Gruppen der unteren und mittleren Hierarchiestufen miteinander verglichen. Die Ergebnisse der Analyse können *Tabelle 29* entnommen werden. Für die Hypothesen H_1 bis H_7 können im Rahmen des Gruppenvergleichs keine signifikanten Unterschiede festgestellt werden. Sowohl für untere, als auch für mittlere Hierarchiestufen müssen H_1 und H_2 verworfen werden. Interest Value und Social Value haben für beide Gruppen keinen signifikanten Einfluss auf Employer Attractiveness. Auch der im Rahmen von Hypothese H_3 getestete Wirkungszusammenhang von Economic Value und Employer Attractiveness kann nicht nachgewiesen werden. Hypothese H_4 wird für untere Hierarchiestufen bestätigt, während sie für mittlere Hierarchiestufen abgelehnt werden muss. Die t-Statistik des Gruppenvergleichs nimmt für H_4 keinen signifikanten Wert an. Unabhängig ob die Probanden der unteren oder mittleren Hierarchiestufe angehören, werden die Hypothesen H_5 bis H_7 bestätigt. Hypothese H_8 bezieht sich auf die Wirkung der Employer Attractiveness auf Trust. Die Hypothese wird für beide Gruppen bestätigt. Die t-Statistik des Gruppenvergleichs weist in diesem Zusammenhang auf einen signifikanten Unterschied zwischen den Gruppen hin. Der t-Wert der Teststatistik für untere Hierarchieebenen ist mit 8,3522 um mehr als das doppelte größer als der t-Wert für mittlere Hierarchieebenen mit 4,0971. Der Einfluss von Employer Attractiveness auf Trust ist für Probanden, die den unteren Hierarchien angehören signifikant höher als für Probanden, die der mittleren Hierarchie zugehörig sind. Hypothese H_9 wird wiederum für beide Gruppen abgelehnt.

Hypothese	**Untere Hierarchiestufen**			**Mittlere Hierarchiestufen**			**Gruppenvergleich**	
	Pfad-koeffizient	t-Wert	Standard-fehler	Pfad-koeffizient	t-Wert	Standard-fehler	t-Statistik	
H_1	0,1540	1,5506	0,0993	0,1420	1,5581	0,0911	×	0,0899
H_2	-0,0090	0,1059	0,0849	-0,1000	0,1207	0,0829	×	0,0084
H_3	-0,1000	1,1699	0,0855	0,1080	1,2094	0,0893	×	-0,0650
H_4	0,2050	2,1472	0,0955	-0,0080	0,0719	0,1112	×	1,4537
H_5	-0,1890	1,7808	0,1061	-0,3590	4,5842	0,0783	×	1,3123
H_6	0,4740	4,4147	0,1074	0,4930	6,1906	0,0796	×	-0,1447
H_7	0,6910	8,2161	0,0841	0,5470	4,0777	0,1341	×	0,9004
H_8	-0,6840	8,3522	0,0819	0,5310	4,0971	0,1296	√	-7,8453
H_9	-0,2730	1,4946	0,1827	-0,1550	0,8328	0,1861	×	-0,4600

Tabelle 29: Überprüfung des Hypothesensystems für untere und mittlere Hierarchiestufen[311]

[311] Quelle: Eigene Darstellung.

Tabelle 30 gibt einen Überblick der Gütekriterien. Für Employer Attractiveness, Commitment und Trust sind die Werte für Stone-Geisser's Q^2 hinreichend und die Vorhersagevalidität somit gegeben. Im Hinblick auf die mittlere Hierarchiestufe entsprechen auch die R^2-Werte den vorgegeben Kriterien. Für die unteren Hierarchieebenen entspricht der R^2-Wert von Employer Attractiveness den vorgegebenen Kriterien. Die R^2-Werte für Commitment und Trust unterschreiten den vorgegebenen Grenzwert von 0,3 geringfügig. Im Hinblick auf Employer Awareness muss festgestellt werden, dass sowohl das Kriterium für Vorhersagevalidität als auch für die erklärte Varianz nicht durch das Konstrukt erfüllt werden konnte.

	Untere Hierarchiestufen		**Mittlere Hierarchiestufen**	
	$R^2 > 0,3$	$Q^2 > 0$	$R^2 > 0,3$	$Q^2 > 0$
Employer Attractiveness	0,816	0,6116	0,731	0,6081
Commitment	0,299	0,0853	0,342	0,1250
Trust	0,282	0,0470	0,361	0,1262
Employer Awareness	0,024	-0,0572	0,072	-0,3211

Tabelle 30: R^2 und Q^2-Werte für untere und mittlere Hierarchiestufen[312]

In einem zweiten Vergleich werden nun mittlere mit oberen Hierarchieebenen verglichen. Die Ergebnisse der Analyse sind in *Tabelle 31* dargestellt. Die im Rahmen von H_1 getestete Wirkungsbeziehung zwischen Interest Value und Employer Attractiveness muss für die mittleren Hierarchiestufen verworfen werden. Für obere Hierarchiestufen kann H_1 angenommen werden. Der Gruppenvergleich zeigt, dass Interest Value für Beschäftigte der oberen Hierarchiestufen einen positiv signifikanten Einfluss auf Employer Attractiveness hat. Die Hypothesen H_2, H_3 und H_4 können für beide Gruppen widerlegt werden. Die Wirkung von Social Value, Economic Value und Development Value auf Employer Attractiveness ist für beide Gruppen nicht signifikant. H_5 beschäftigt sich mit der ursächlichen Wirkung von Application Value auf Employer Attractiveness. Für mittlere Hierarchiestufen kann H_5 angenommen werden, während es für die oberen Hierarchieebenen abgelehnt werden muss. Die t-Statistik des Gruppenvergleichs zeigt, dass es sich hierbei um einen signifikanten Unterschied handelt. Application Value hat für Arbeitnehmer der mittleren Hierarchiestufe einen signifikant positiven Einfluss auf Employer Attractiveness. Unabhängig von der Gruppenzugehörigkeit können im Weiteren

[312] Quelle: Eigene Darstellung.

auch die Hypothesen H_6, H_7 und H_8 angenommen werden. Hypothese H_9 beschäftigt sich mit der Wirkung der Employer Attractiveness auf Employer Awareness. Für obere Hierarchiestufen kann H_9 angenommen werden, für mittlere Hierachieebene muss H_9 jedoch abgelehnt werden.

Hypothese	Mittlere Hierarchiestufen			Obere Hierarchiestufen			Gruppenvergleich	
	Pfadkoeffizient	t-Wert	Standardfehler	Pfadkoeffizient	t-Wert	Standardfehler	t-Statistik	
H_1	0,1420	1,5581	0,0911	0,4260	3,2400	0,1315	√	-1,8111
H_2	-0,1000	0,1207	0,0829	-0,1370	0,9441	0,1451	×	0,7802
H_3	0,1080	1,2094	0,0893	0,1550	1,6968	0,0913	×	-0,3706
H_4	-0,0080	0,0719	0,1112	0,1450	1,8136	0,0800	×	-1,1103
H_5	-0,3590	4,5842	0,0783	0,1030	0,8938	0,1152	√	-3,3860
H_6	0,4930	6,1906	0,0796	0,3430	2,5158	0,1363	×	0,9750
H_7	0,5470	4,0777	0,1341	0,5850	6,3491	0,0921	×	-0,2318
H_8	0,5310	4,0971	0,1296	0,6000	6,6823	0,0898	×	-0,4344
H_9	-0,1550	0,8328	0,1861	-0,2690	2,0514	0,1311	×	0,4975

Tabelle 31: Überprüfung des Hypothesensystems für mittlere und obere Hierarchiestufen[313]

Anhand *Tabelle 32* erfolgt ein Überblick über die Gütekriterien auf Strukturmodellebene. Die erklärte Varianz und die Vorhersagevalidität sind für die Variablen Employer Attractiveness, Commitment und Trust gegeben. Die Gütekriterien erfüllen die vorgegebenen Grenzwerte. Für die Variable Employer Awareness kann weder im Hinblick auf mittlere noch auf obere Hierarchieebenen eine hinreichende Erfüllung der Gütekriterien festgestellt werden. Sowohl für R^2, als auch für Q^2 werden die geforderten kritischen Werte weit unterschritten.

	Mittlere Hierarchiestufen		Obere Hierarchiestufen	
	$R^2 > 0,3$	$Q^2 > 0$	$R^2 > 0,3$	$Q^2 > 0$
Employer Attractiveness	0,731	0,6081	0,731	0,5375
Commitment	0,342	0,1250	0,477	0,3212
Trust	0,361	0,1262	0,468	0,3017
Employer Awareness	0,072	-0,3211	0,075	-0,4710

Tabelle 32: R^2 und Q^2-Werte für mittlere und obere Hierarchiestufen[314]

[313] Quelle: Eigene Darstellung.
[314] Quelle: Eigene Darstellung.

Der nun folgende Abschnitt beschäftigt sich mit dem Vergleich zwischen den unteren und oberen Hierarchiestufen. Der Gruppenvergleich zeigt, dass für obere Hierarchiestufen Interest Value signifikant wichtig für die Wahrnehmung der Employer Attractiveness ist. Für diese Teilgruppe wird H_1 bestätigt. Für untere Hierarchiestufen muss H_1 auf Grund des niedrigen t-Werts abgelehnt werden. Unabhängig von der Gruppenzugehörigkeit kann H_2 im Rahmen der Analyse abgelehnt werden. Social Value hat keinen signifikanten Einfluss auf Employer Attractiveness. Der von H_3 angenommene Einfluss von Economic Value kann für untere Hierarchien widerlegt werden. Für obere Hierarchieebenen kann im Rahmen der Analyse die Hypothese bestätigt werden. Die t-Statistik des Gruppenvergleichs weist für H_3 auf keinen signifikanten Unterschied für die beiden Gruppen hin. Unabhängig von der Gruppenzugehörigkeit kann belegt werden, dass Development Value einen signifikant positiven Einfluss auf Employer Attractiveness besitzt. Somit kann H_4 bestätigt werden. Für H_5 zeigt die t-Statistik des Gruppenvergleichs einen signifikanten Unterschied für die beiden Gruppen an. Application Value hat für untere Hierarchieebenen einen signifikant positiven Einfluss auf Employer Attractiveness. Für obere Hierarchiestufen kann ein Zusammenhang nicht belegt werden. H_6 und H_7 können unabhängig von der Hierarchiezugehörigkeit angenommen werden. H_8 behandelt die Ursächlichkeit von Employer Attractiveness in Bezug auf die Wirkung auf Trust.

Hypothese	**Untere Hierarchiestufen**			**Obere Hierarchiestufen**			**Gruppenvergleich**	
	Pfadkoeffizient	t-Wert	Standardfehler	Pfadkoeffizient	t-Wert	Standardfehler	t-Statistik	
H_1	0,1540	1,5506	0,0993	0,4260	3,2400	0,1315	√	-1,6639
H_2	-0,0090	0,1059	0,0849	-0,1370	0,9441	0,1451	x	0,7675
H_3	-0,1000	1,1699	0,0855	0,1550	1,6968	0,0913	x	-0,4432
H_4	0,2050	2,1472	0,0955	0,1450	1,8136	0,0800	x	0,4855
H_5	-0,1890	1,7808	0,1061	0,1030	0,8938	0,1152	√	-1,8794
H_6	0,4740	4,4147	0,1074	0,3430	2,5158	0,1363	x	0,7610
H_7	0,6910	8,2161	0,0841	0,5850	6,3491	0,0921	x	0,8567
H_8	-0,6840	8,3522	0,0819	0,6000	6,6823	0,0898	√	-10,6494
H_9	-0,2730	1,4946	0,1827	-0,2690	2,0514	0,1311	x	-0,0179

Tabelle 33: Überprüfung des Hypothesensystems für untere und obere Hierarchiestufen[315]

[315] Quelle: Eigene Darstellung.

Diese Hypothese kann für beide Gruppen angenommen werden. Die t-Statistik zeigt, dass die Wirkung von Employer Attractiveness auf Trust für Beschäftigte der unteren Hierarchiestufen im Vergleich zu Beschäftigten der oberen Hierarchiestufen signifikant höher ist. H_9 kann im Rahmen der Analyse für Arbeitnehmer der oberen Hierarchiestufen angenommen werden. Für Mitglieder der unteren Hierarchieebenen ist die Wirkung von Employer Attractiveness auf Employer Awareness nicht signifikant, die Hypothese muss demnach abgelehnt werden. Die Ergebnisse des Gruppenvergleichs können *Tabelle 33* entnommen werden.

Die Gütekriterien des Gruppenvergleichs können in *Tabelle 34* eingesehen werden. Employer Attractiveness erfüllt sowohl für untere als auch für obere Hierarchiestufen die geforderten Gütekriterien. Im Hinblick auf obere Hierarchiestufen erfüllen die beiden Variablen Commitment und Trust ebenfalls die Kriterien für Vorhersagevalidität und einer hinreichenden erklärten Varianz. In Bezug auf die unteren Hierarchiestufen ist für die beiden Variablen die Vorhersagevalidität ebenfalls gegeben. Den geforderten R^2-Wert können beide Variablen nicht erfüllen. Die Abweichung vom kritischen Wert ist allerdings nur marginal. Für die Variable Employer Awareness kann, wie bereits zuvor, kein hinreichendes Gütekriterium gemessen werden.

	Untere Hierarchiestufen		**Obere Hierarchiestufen**	
	$R^2 > 0,3$	$Q^2 > 0$	$R^2 > 0,3$	$Q^2 > 0$
Employer Attractiveness	0,816	0,6116	0,731	0,6081
Commitment	0,299	0,0853	0,342	0,1250
Trust	0,282	0,0470	0,361	0,1262
Employer Awareness	0,024	-0,0572	0,072	-0,3211

Tabelle 34: R^2 und Q^2-Werte für untere und obere Hierarchiestufen[316]

4.7. Interpretation der Ergebnisse

Nach der erfolgten empirischen Überprüfung des Untersuchungsmodells zur Erklärung der Wirkungszusammenhänge im Rahmen des Employer Branding, folgt nun die Interpretation der Ergebnisse.

[316] Quelle: Eigene Darstellung.

In Bezug auf die wahrgenommene Attraktivität eines Arbeitgebers lässt sich feststellen, dass mit Ausnahme von H_2 und H_3, alle Hypothesen, die einen statistisch signifikante Wirkung auf Employer Attractiveness unterstellten verifiziert werden konnten. Das Image, also das durch einen (potentiellen) Arbeitnehmer wahrgenommene Bild eines Arbeitgebers, nimmt hierbei den stärksten Einfluss auf die Arbeitgeberattraktivität. Selbiges wird bei genauerer Betrachtung der geschätzten Pfadkoeffizienten deutlich. Dies weist auf das hohe Potential des Faktors hin, der für Arbeitgeber ein entscheidender Faktor bei der Differenzierung von Wettbewerbern sein kann.

Neben dem direkten Einfluss auf die Arbeitnehmerattraktivität nimmt Image Value über die Attraktivität auch Einfluss auf nachgelagerte Konstrukte. Der indirekte Einfluss auf die nachgelagerten Konstrukte ergibt sich als Produkt der Pfadkoeffizienten, die zwischen dem vorgelagerten und zwischengelagerten sowie dem zwischengelagerten und nachgelagerten Konstrukt bestehen. Für den indirekten Einfluss von Image Value auf Commitment ergibt sich somit 0,144. Die Stärke des indirekten Einflusses auf Trust beträgt 0,085 und auf Employer Awareness 0,046. Neben der Ermittlung des direkten und indirekten Einflusses des Konstrukts Image Value kann auch der Totaleffekt festgestellt werden. Dieser ergibt sich aus der Addition des direkten und indirekten Effektes.[317] Der Totaleffekt den Image Value auf Commitment ausübt beträgt somit 0,652, der Totaleffekt auf Trust 0,551 und der Totaleffekt auf Employer Awareness 0,486. Der Vergleich der ermittelten Totaleffekte zeigt, dass der Effekt auf Commitment am stärksten ist, aber auch die Werte für Trust und Awareness nehmen, auch im Vergleich zu den Totaleffekten der übrigen Konstrukte auf die Zielkonstrukte, recht hohe Werte an. Dies weist wiederum auf die schon im Rahmen der Analyse festgestellte Wichtigkeit von Image Value in der vorliegenden Untersuchungsfrage hin.

Der Blick auf die Ergebnisse in den einzelnen Indikatoren des Konstrukts zeigt, dass der Faktor Sincerity für die Befragten die höchste Wichtigkeit besitzt, gefolgt von den Faktoren Competence und Sophistication, danach folgen Excitement und Ruggedness. Somit kann festgestellt werden, dass es von (potentiellen) Arbeitnehmern als wichtig erachtet wird, dass ihr Arbeitgeber aufrichtig und kompetent ist. Es kann angenommen werden, dass es sich bei die-

[317] Vgl. Huber et al. (2007), S. 117.

sen beiden Faktoren um Erfolgsfaktoren handelt, die wesentlich zum Unternehmenserfolg beitragen. Wie sich im Verlauf dieser Auswertung zeigen wird, kommt auch der Arbeitsplatzsicherheit eine hohe Wichtigkeit zu. Die Wichtigkeit von Sincerity und Competence könnte auf dem Bedürfnis nach einem sicheren Arbeitsplatz beruhen. In Bezug auf die Arbeitsplatzsicherheit lebt ein Arbeitnehmer stets mit einer gewissen Unsicherheit auf Grund einer zwischen Arbeitnehmer und Arbeitgeber vorhandenen Informationsasymmetrie. Indikatoren wie Competence und Sincerity könnten durch Probanden dahingehen interpretiert werden, als dass sie einen wichtigen Beitrag zum Unternehmenserfolg leisten und das erfolgreiche Unternehmen auch in Zukunft weiterhin auf die Arbeitsleistung des Arbeitnehmers angewiesen sein wird.

Neben dem Image zeigt auch Interest Value, das den Interessantheitsgrad eines Arbeitnehmers misst, einen signifikanten Einfluss auf die Arbeitgeberattraktivität. Für Interest Value kann der zweitstärkste Effekt auf die Attraktivität nachgewiesen werden. Die durch einen Arbeitgeber hergestellten bzw. vertriebenen Produkte oder Dienstleistungen sind somit maßgeblich mit für die Arbeitgeberattraktivität verantwortlich. Es scheint dabei besonders relevant zu sein, dass die angebotenen Produkte bzw. das Produktportfolio innovativ sind und gängigen Qualitätsstandards entsprechen. Dies könnte auf ein betriebswirtschaftlich-ethisches Denken seitens der Arbeitnehmer hindeuten. Es sollte daher nicht außer Acht gelassen werden, dass Interest Value für Arbeitnehmer dahingehend eine Rolle spielt, als dass es für sie wichtig ist, hinter den durch ihren Arbeitgeber angebotenen Produkten bzw. Dienstleistungen zu stehen. Im Rahmen des Gruppenvergleichs konnte festgestellt werden, dass Interest Value vor allem für Mitglieder der oberen Hierarchieebenen einen wichtigen Faktor darstellt. Für Interest Value lassen sich ebenfalls die indirekten Effekte (Totaleffekte) auf Commitment mit 0,144 (0,383), auf Trust mit 0,085 (0,324) und auf Employer Awareness mit 0,046 (0,285) zeigen. Unabhängig davon ob der Fokus auf den indirekten Effekten oder dem Totaleffekt liegt, nimmt Interest Value am stärksten Einfluss auf das nachgelagerte Konstrukt Commitment, gefolgt von Trust und Employer Awareness. Ein Blick auf die Indikatoren des Konstrukts zeigt, dass vor allem ein interessantes Arbeitsumfeld relevant ist. Auch erachten es die Befragten als wichtig, dass ein Arbeitgeber die Kreativität seiner Arbeitnehmer nutzt. Es kann angenommen werden, dass es sich bei beiden Indikatoren um Faktoren handelt, die die Motivation der Arbeitnehmer steigern und dazu beitragen, dass die Arbeit Spaß macht.[318]

Im Hinblick auf Social Value konnte im Rahmen der empirischen Untersuchung, ebenso wie für Economic Value, keine signifikante Wirkung auf die Arbeitgeberattraktivität nachgewiesen werden. Da durchaus angenommen werden kann, dass ein Faktor wie das Vergütungspaket eine nicht irrelevante Rolle spielt, liegt die Vermutung nahe, dass es sich bei Economic Value um einen Hygienefaktor handeln könnte. Definitionsgemäß führen Hygienefaktoren, sofern sie erfüllt sind, nicht zu Zufriedenheit aber zu einer Nicht-Unzufriedenheit.[319] Auf der anderen Seite führt ein empfundener Mangel zu Unzufriedenheit. Das Vergütungspaket sollte daher trotz des nicht nachgewiesenen Zusammenhangs nicht vollends außer Acht gelassen werden. Im Hinblick auf Social Value kann festgehalten werden, dass bzgl. der Beschäftigungsdauer signifikante Unterschiede ermittelt werden konnten. Während für die Gruppe mit einer kurzen Beschäftigungsdauer die zugehörige Hypothese abgelehnt werden musste, wurde sie für die Gruppe mit einer längeren Beschäftigungsdauer bestätigt. Es kann angenommen werden, dass ein Arbeitnehmer seine soziale Identität erst nach einer gewissen Sozialisierungsphase findet. Nach dieser Phase fühlt er sich zugehörig und das Bedürfnis gute Verhältnisse zu den weiteren Mitgliedern der Gruppe zu haben wächst. Die Theorie der sozialen Identität bescheinigt Individuen, dass sie nach sozialer Distinktheit streben, also denjenigen Gruppen angehören möchten, die im Vergleich zu anderen der gleichen Kategorie überlegen sind.[320] Bei einer längeren Verweildauer bei einem Arbeitnehmer steigt somit die Wichtigkeit der sozialen Beziehungen zu anderen, da nach dieser Zeit entweder die Distinktheit realisiert wird oder eine überlegene Gruppe identifiziert wird, der man angehören will. Wird die Distinktheit der Gruppe erkannt, so wird ein Arbeitnehmer danach streben dieser Gruppe weiter anzugehören und seine Position innerhalb der Gruppe zu stärken. Der Arbeitnehmer wird seinen Fokus somit verstärkt auf die sozialen Beziehungen zu Kollegen, aber auch zu ihm überstellten Führungskräften legen.

[318] Vgl. Newstorm (2002), S. 5.
[319] Vgl. Herzberg (1968), S. 56f.
[320] Vgl. Dutton/Dukerich/Harquail (1994), S. 239ff.

Neben der Wirkung von Social Value wurde im Rahmen der empirischen Untersuchung auch die Wirkung von Development Value auf die Arbeitgeberattraktivität getestet. Es konnte ein positiv signifikanter Zusammenhang bestätigt werden. Die Ergebnisse sind mit Bedürfnistheorien konform und bestätigen das Streben nach einem Arbeitgeber, durch den eine Stärkung des eigenen Selbstbewusstseins erreicht werden kann. Dies zeigt, dass im Rahmen der Arbeitgeberwahl auch die persönliche Charakterentwicklung Relevanz besitzt, denn auch die Möglichkeit Erfahrungen für zukünftige Tätigkeiten oder Karrieremöglichkeiten sammeln zu können wird durch die Probanden als wichtig erachtet. Bereits in vorangegangenen Kapiteln wurde in diesem Zusammenhang auf das Konzept der Employability eingegangen. Der signifikante Einfluss der Variable Development Value auf die Arbeitgeberattraktivität deutet auf die Wichtigkeit des Faktors hin. Vor allem vor dem Hintergrund einer schwindenden Arbeitsplatzsicherheit und einem durch technischen Fortschritt beschleunigtem Wandel von Arbeitsplätzen und den dazugehörigen Berufsbildern, kann der festgestellte Einfluss nachvollzogen werden.[321]

Bestätigung erfuhr auch H_5, die besagt, dass Application Value einen signifikanten Einfluss auf die Arbeitgeberattraktivität hat. Im Rahmen des Konstrukts wurde zum einen nach der Wichtigkeit eigenes Wissen anwenden und weitergeben zu können gefragt. Zum anderen wurde durch das formative Konstrukt abgefragt, ob es wichtig ist, dass ein Arbeitgeber kundenorientiert und sozial und verantwortungsbewusst handelt. Vor allem der Bezug auf die Kundenorientierung und das soziale Verantwortungsbewusstsein könnte auf eine arbeitnehmerseitige Wertschätzung der Corporate Social Responsibility[322] hindeuten, in der Wichtigkeitshierarchie der Indikatoren des Konstrukts Application Value nehmen diese Indikatoren die vorderen Plätze ein. Neben der direkten Wirkung auf Employer Attractiveness nimmt Application Value auch indirekt Einfluss auf nachgelagerte Konstrukte. Der Einfluss auf Commitment und Trust kann mit 0,085 und 0,050 und der indirekte Einfluss auf Employer Awareness mit 0,028 quantifiziert werden. Für den Totaleffekt auf Commitment ergibt sich somit 0,344, für Trust 0,291 und für Employer Awareness ein Totaleffekt von 0,265.

[321] Vgl. OECD (2010), S. 79.
[322] Zur näheren Definition von Corporate Social Responsibility vgl. Carroll (1999), S. 268-295.

Der zweite Teil des Untersuchungsmodells beschäftigt sich mit der determinierenden Wirkung der Arbeitgeberattraktivität. H_7 und H_8 können bestätigt werden. Der Pfadkoeffizient von Commitment liegt bei 0,602 und belegt die Stärke des Zusammenhangs zwischen Arbeitgeberattraktivität und Commitment, das wird auch durch einen t-Wert von 8,9708 manifestiert. Wird ein Arbeitgeber als attraktiv wahrgenommen, wirkt sich dies erheblich auf die Verbundenheit eines Arbeitnehmers aus. Im Rahmen der Commitment-Trust-Theorie wird angenommen, dass Commitment zu geringerer Mitarbeiterfluktuation, höherer Motivation und einem erhöhten Organizational Citizenship Behaviour führt.[323] Als wichtigster Indikator des Konstrukts konnte das Nicht-Bedauern ermittelt werden, gefolgt von der Aussage, dass der Arbeitgeber die beste Alternative am Arbeitsmarkt darstellt. Als drittwichtigste Größe kann die Bereitschaft anderen von den Qualitäten des Arbeitgebers zu berichten ermittelt werden. Diese Größe kann für Arbeitgeber eine wichtige Stellgröße im Recruitingprozess darstellen, da das sog. Word-of-Mouth eine besonders große Glaubwürdigkeit besitzt und des Weiteren eine größere selektive Informationsaufnahme gewährleistet.[324]

Auch für Trust kann eine signifikante Wirkung der Arbeitgeberattraktivität nachgewiesen werden. Der Pfadkoeffizient liegt bei 0,355 und der t-Wert bei 9,2906. Der t-Wert liegt somit deutlich über dem für ein 10%-Signifikanzniveau geforderten kritischen Wert von 1,66. Der Aufbau von Vertrauen kann somit teilweise auf eine attraktive Arbeitnehmermarke zurückgeführt werden. Die Attraktivität wird dabei anhand geteilter Werte festgemacht. Je mehr Werte ein Arbeitnehmer und ein Arbeitgeber teilen, desto höher ist die gegenseitig empfundene Attraktivität. Die Commitment-Trust-Theorie postuliert, dass mit dem Vertrauen, das einem Arbeitgeber entgegengebracht wird, auch dessen Vertrauenswürdigkeit einhergeht, die auf dessen Integrität fußt. Vertrauen, so *Morgan* und *Hunt*, kann dann proaktiv zum Aufbau von Mitarbeiterloyalität beitragen.[325] Im Rahmen des Gruppenvergleichs konnte für unterschiedliche Hierarchieebenen signifikante Unterschiede in Bezug auf Trust festgestellt werden. Zwar war der Zusammenhang für alle Ebenen höchst signifikant, nimmt jedoch mit zunehmenden Hierarchieebenen ab. Für untere Hierarchiestufen kann somit der stärkste Zusammenhang zwischen der Arbeitgeberattraktivität und Trust beobachtet werden. Bei genauerer

[323] Vgl. Morgan/Hunt (1994), S. 22.
[324] Vgl. Esch (2011).
[325] Vgl. Morgan/Hunt (1994), S. 23f.

Betrachtung der Indikatoren wird deutlich, dass es für Mitarbeiter besonders wichtig ist, sich auch in Zukunft auf einen Arbeitgeber verlassen zu können. Dies ist wiederum ein Indiz auf die bereits zuvor erwähnte Wichtigkeit der Arbeitsplatzsicherheit, mit der ein gewisses Unsicherheitsempfinden einhergeht.

Hypothese 9 beschäftigt sich mit dem Einfluss der Arbeitgeberattraktivität auf Employer Awareness und konnte verifiziert werden. Der t-Wert lag mit 2,57198 über dem kritischen Wert für ein Signifikanzniveau von 10%. Allerdings bleibt kritisch anzumerken, dass die erklärte Varianz R^2 mit 0,038 deutlich unter dem geforderten Wert von 0,3 liegt. Employer Attractiveness erklärt lediglich 3,8% der Varianz von Employer Awareness. Es existieren demnach weitere Faktoren, die die Varianz von Employer Awareness erklären und im vorliegenden Untersuchungsmodell keine Beachtung fanden.

4.8. Implikationen für die unternehmerische Praxis

Nachdem die Ergebnisse der empirischen Untersuchung dargestellt und interpretiert wurden, können nun Implikationen für die unternehmerische Praxis und die Forschung abgeleitet werden. In Bezug auf die Implikationen für die Praxis soll das Ziel sein, konkrete Handlungsempfehlungen für das Management von Arbeitgebermarken herauszuarbeiten.

Die Relevanz der empirischen Untersuchung für die Praxis besteht vor allem darin, die entscheidenden Stellgrößen auf die Arbeitgeberattraktivität zu identifizieren. Die empirische Untersuchung belegt, einen statistisch signifikanten Einfluss des Interest Value auf die Arbeitgeberattraktivität. Für das Markenmanagement ist es hoch relevant, da die Unternehmensprodukte bzw. die durch ein Unternehmen angebotenen Dienstleistungen einen gewissen Qualitätsstandard widerspiegeln. Es ist daher für ein Unternehmen unerlässlich diese Qualitätsstandards zum einen zu erreichen und zum anderen zu halten. Dazu könnte die Implementierung eines Qualitätssicherungssystems beitragen. Auch sollten die Produkte in regelmäßigen Abständen dahingehend überprüft werden, ob sie verbesserungsbedürftig sind. Im Rahmen der Ausgestaltung von Interest Value ist es zudem wichtig sicherzustellen, dass ein Arbeitnehmer in einem interessanten, herausfordernden Umfeld arbeitet. Die Unternehmenspraxis kann dies z.B. durch quantitative oder qualitative Erweiterung des Aufgabenumfelds in Form von Job Enlargement, Job Rotation oder Job Enrichment realisieren.

Dadurch kann eine Verringerung der Monotonie erreicht werden und zugleich die Motivation gesteigert werden.[326]

Eine signifikante Wirkung von Social Value konnte innerhalb des Untersuchungsmodells nicht nachgewiesen werden. Allerdings liegt die Vermutung nahe, dass es sich bei Social Value um einen Hygienefaktor handelt, der bei einem Fehlen zu Unzufriedenheit seitens des Arbeitnehmers führt. Die Praxis sollte daher versuchen soziale Kontakte zu fördern. Um den Austausch und die Kommunikation zwischen Mitarbeitern zu fördern, lohnt beispielsweise die Einrichtung eines Pausenraums. Anzumerken gilt, dass ab zehn Beschäftigten gem. §6 (3) ArbStättV ein Pausenraum einzurichten ist. Im Rahmen der Ausgestaltung des Social Values gilt es diesen, so auszugestalten bzw. einzurichten, dass eine Kommunikation zwischen den Mitarbeitern möglich ist und gefördert wird. Dies kann durch eine offene Raumgestaltung erreicht werden, in der es bspw. einen großen Aufenthaltsraum gibt und nicht viele kleine. Des Weiteren kann der soziale Austausch auch durch teambildende Maßnahmen oder auch einem außerbetrieblichen Get-together unterstützt werden. Exemplarisch für eine teambildende Maßnahme kann an dieser Stelle das Club Red-Programm des Australien Red Cross Blood Service genannt werden. Im Rahmen dieses Programmes werden Unternehmen dazu aufgerufen ihre Mitarbeiter zum Blutspenden zu motivieren.[327] Ein Vorteil solcher teambildenden Maßnahmen ist zum einen das Gefühl der Mitarbeiter etwas Gutes getan zu haben und zum anderen, in Bezug auf das Unternehmen, die Stärkung der Corporate Social Responsibility.

Neben Social Value konnte auch für Economic Value kein signifikanter Einfluss auf Employer Attractiveness festgestellt werden. Wie bereits für Social Value liegt auch in Bezug auf Economic Value die Vermutung nahe, dass es sich bei Economic Value um einen Hygienefaktor handelt. Da innerhalb von Branchen meist auf Grund von Flächentarifverträgen einheitliche Löhne anzutreffen sind, ist die Ausgestaltung von Economic Value vor allem dann relevant, wenn Firmen nicht Mitglied des tarifschließenden Arbeitgeberverbandes sind und somit nicht an den Tarifvertrag gebunden sind bzw. wenn Mitarbeiter nicht unter den

---

[326] Vgl. Kircher/Hölzl (2008), S. 306f.
[327] Vgl. ARCBS (2011).

Tarifvertrag fallen und außertariflich bezahlt werden. Vor allem in solchen Fällen sollte darauf geachtet werden, dass das bezahlte Entgelt dem durchschnittlichen Branchenentgelt entspricht bzw. dieses nicht unterschreitet.

Im Gegensatz zum vorigen Konstrukt weist Development Value einen signifikant positiven Effekt auf Employer Attractiveness auf. Für das Management von Arbeitgebermarken bedeutet dies, dass der Fokus auch auf die Mitarbeiterentwicklung gerichtet werden sollte, da es Arbeitnehmer als wichtig erachten, dass ein Arbeitgeber ein Sprungbrett für zukünftige Bewerbungen darstellt. Es liegt dabei unter anderem auch in der Hand des Arbeitgebers, ob sich ein Arbeitnehmer zukünftig intern auf Stellen bewirbt und somit mit seinem Wissen und seiner Kompetenz dem Unternehmen erhalten bleibt, oder ob er sich extern bewirbt und im schlimmsten Fall den Arbeitgeber zu Gunsten eines anderen verlässt. Daher lohnt es frühzeitig begabte Mitarbeiter aus den eigenen Reihen zu identifizieren und diese zu fördern. Dazu können Personalevaluierungen dienlich sein, die in regelmäßigen Abständen durchgeführt werden und anhand derer eine Führungskraft, die ihm unterstellten Mitarbeiter z.B. in Bezug auf deren Leistungsfähigkeit oder vorhandenem Potenzial bewertet. Diese Maßnahmen richten sich an aktuelle Mitarbeiter. Durch das mit den Evaluierungen verbundene Feedback können gemeinsam mit dem Mitarbeiter etwaige Schwachstellen identifiziert und Lösungsansätze zu deren Behebung gemeinsam erarbeitet werden. Will man den Blickwinkel auch um potentielle Mitarbeiter erweitern, so ergibt sich als weitere Praxisimplikationen das Angebot von betriebsinternen Weiterbildungsmaßnahmen bzw. Schulungen, aber auch die Möglichkeit für Mitarbeiter beispielsweise in Teilzeit einen höheren Schulabschluss nachzuholen oder ein Erst- bzw. Aufbaustudium zu absolvieren.

Neben der signifikanten Wirkung von Development Value, konnte im Rahmen der Untersuchung auch für Application Value eine signifikant positive Wirkung auf Employer Attractiveness belegt werden. Im Rahmen dieses Konstrukts wurde sowohl die Wichtigkeit von Kundenorientierung und sozialer Verantwortung als auch die Wichtigkeit der Anwendung und Weitergabe von eigenem Wissen abgefragt. Als Implikationen für die Praxis lässt sich ableiten, dass Arbeitgeber Mitarbeiter so einsetzen sollten, dass diese ihr Potenzial entfalten und ihr Wissen zur Anwendung bringen können. Aber auch die Weitergabe von Wissen erachten viele der im Rahmen der Untersuchung Befragten, für wichtig. Dies kann im Rahmen einer Ausbildung von Auszubildenden erfolgen, oder aber auch im Rahmen von Schulungsmaßnahmen geschehen, wenn erfahrene „Experten“ ihr Wissen an Kollegen weitergeben. Die soziale Verantwortung kann durch Maßnahmen im Rahmen der Corporate Social Responsibility durch Unterstützung verschiedenster Projekte gesteigert werden. Denkbar wäre sowohl die Unterstützung lokaler Projekte, als auch die Unterstützung international tätiger Organisationen.

Als wichtigster Einflussfaktor auf Employer Attractiveness wurde durch die Untersuchung das Konstrukt Image Value identifiziert. Dabei sind vor allem Aufrichtigkeit, Kompetenz und Kultiviertheit von erhöhter Relevanz. Daraus ergeben sich Implikationen für das Employer Brand Management, insbesondere die Kommunikationspolitik. Jeder Kontakt mit einem (potentiellen) Mitarbeiter führt unweigerlich zu einer Imagebildung seitens des (potentiellen) Mitarbeiters. Es ist daher besonderer Wert darauf zu legen, dass der Kontakt durch die Werte Aufrichtigkeit, Kompetenz und Kultiviertheit geprägt ist, bzw. jegliches Handeln des Arbeitgebers mit diesem konform ist.

Das Zusammenspiel aller Stellgrößen wirkt direkt auf die Arbeitgeberattraktivität. Vor allem in Bezug auf die Mitarbeitergewinnung und die Mitarbeiterbindung gilt es nun, die der Attraktivität nachgelagerten Größen im Hinblick auf Praxisimplikationen zu betrachten. So wirkt die Arbeitgeberattraktivität positiv signifikant auf Commitment, Trust und Employer Awareness.

Da die erklärte Varianz von Employer Awareness mit R^2=0,038 zu gering ist, lassen sich für Employer Awareness an dieser Stelle nur sehr restriktiv Handlungsempfehlungen für die Praxis ableiten. Im Hinblick auf die Konstrukte Commitment und Trust lässt sich festhalten, dass durch die Ausgestaltung der Employer Brand eine signifikante Wirkung auf die beiden Konstrukte erreicht werden kann. Durch ein höheres Commitment von Arbeitnehmern kann deren Bindung an den Arbeitgeber gestärkt und somit die Fluktuationsraten gesenkt werden. Denn den Mitarbeitern bedeutet ihr Arbeitgeber viel und sie sind glücklich sich für ihn entschieden zu haben. Neben der Wirkung der Employer Attractiveness auf Commitment und der damit verbundenen Bindung von Mitarbeitern, ist Commitment für die Praxis aus einem weiteren

Grund relevant. Eine weitere Praxisimplikation lässt sich aus dem Indikator bzgl. des Empfehlungsverhaltens ableiten. Der Indikator weist auf die Wichtigkeit des Word-of-Mouth im Kontext des Employer Branding hin und stellt zugleich einen kritischen Erfolgsfaktor dar. Denn Empfehlungen von Mitarbeitern im Rahmen des Empfehlungsmarketings haben eine große Glaubwürdigkeit und die dadurch vermittelten Informationen stärker kognitiv verarbeitet. Für die Praxis bedeutet dies, Mitarbeiter mit einem hohen Commitment für die Mitarbeiterbindung und -gewinnung zu nutzen und diese Mitarbeiter als Markenbotschafter zu etablieren. Die Nutzung von Mitarbeitern als Markenbotschafter kann dabei sowohl in Bezug auf den Arbeitsmarkt im Rahmen des Employer Branding, als auch in Bezug auf den Absatzmarkt relevant sein.

Auch für Trust lassen sich anhand der Untersuchung Implikationen ableiten. Die durch das Konstrukt abgefragten Indikatoren zielen allesamt auf das Vertrauen in Bezug auf die zukünftige Beziehung zum Arbeitgeber auch unter unsicheren Umständen ab. Die Ausgestaltung der Arbeitgebermarke sollte daher durch einen Arbeitgeber dahingehend ausgestaltet werden, als dass einem (potenziellen) Arbeitnehmer das Gefühl vermittelt wird, dass der Arbeitgeber auch in Zukunft noch vertrauenswürdig ist.

4.9. Implikationen für die Marketingforschung

Neben den soeben dargelegten Handlungsempfehlungen für die unternehmerische Praxis, werden nun konkrete Empfehlungen für die Marketingtheorie bzw. Marketingforschung abgeleitet. Die Zweckmäßigkeit des Untersuchungsmodells scheint generell gegeben zu sein. Einzige Ausnahme stellt das Konstrukt Employer Awareness dar. Zwar könnte die Hypothese, dass Employer Attractiveness einen signifikanten Einfluss auf Employer Awareness nimmt bestätigt werden, allerdings ist die erklärte Varianz R^2 des Konstrukts, wie schon in Kapitel 4 erwähnt wurde, mit 0,038 äußerst gering und entspricht nicht annähernd dem kritischen Wert von 0,3. Dies weist darauf hin, dass es neben Employer Attractiveness noch andere Faktoren geben muss, die einen Einfluss auf das Konstrukt nehmen. So ist es beispielsweise durchaus denkbar, dass die bei einem Erstkontakt wahrgenommene Stärke des P-O-Fits ein wichtiger Einflussfaktor auf Employer Awareness darstellt. Dieser wurde im vorliegenden Untersuchungsmodell nicht explizit abgefragt. Diese These bedarf einer Validierung durch die Forschungsgemeinschaft, die ihren Fokus auch auf weitere Faktoren ausweiten sollte, die einen Einfluss auf Employer Awareness haben könnten.

Weiterer Forschungsbedarf besteht auch hinsichtlich der Generalisierbarkeit der Untersuchungsergebnisse in Bezug auf Nationalitäten. Vor dem Hintergrund zunehmender Globalisierung scheint dieser Aspekt hoch relevant. Zieht man *Hofstedes* Kulturdimensionen[328] zu Rate, so liegt die Fragestellung nahe, ob sich in Bezug auf die Ausprägungen der fünf Kulturdimensionen Machtdistanz, Individualismus, Maskulinität, Unsicherheitsvermeidung und langfristige Ausrichtung unterschiedliche Ergebnisse für das vorliegende Untersuchungsmodell ergeben würden. Diese Fragestellung bietet somit Raum für weitere Untersuchungen und grenzt zugleich die Verallgemeinerung der Ergebnisse auf den deutschen Kulturkreis ein.
Die Stichprobenbeschaffenheit bietet ebenfalls Raum für weitere empirische Untersuchungen. So besteht die Stichprobe zu 55,9% aus Angestellten, allerdings bilden Studenten mit 23,9% die zweitstärkste Gruppe in Bezug auf die aktuelle berufliche Tätigkeit. Zwar darf nicht vergessen werden, dass sich Studenten ggf. kurz vor ihrem Abschluss befinden und sich durchaus mit dem Gedanken beschäftigen, was einen zukünftigen Arbeitgeber ausmacht, allerdings könnte der große Anteil von Studenten die Untersuchungsergebnisse durchaus beeinflusst haben. Noch deutlicher wird dies, wenn man einen Blick auf die Altersstruktur der Stichprobe wirft. Mit ca. 56% sind über die Hälfte aller Befragten der Altersgruppe 20-29 zuzuordnen. Die Stichprobe hat somit einen recht hohen Anteil an Berufsanfängern bzw. Arbeitnehmern, die noch am Anfang ihrer beruflichen Laufbahn stehen. Da im Rahmen des Employer Branding aber auch Arbeitnehmer fokussiert werden, die über gewisse Berufserfahrungen verfügen, bleibt die Frage, ob die vorliegenden Ergebnisse auch für erfahrenere Arbeitnehmer signifikant wären. Hinsichtlich dieser Stellgröße wurde im Rahmen dieser empirischen Arbeit nicht geforscht. Diese Fragestellung ist besonders im Rahmen des bereits in *Kapitel 2* thematisierten Ressourcen-orientierten-Ansatzes relevant, da Arbeitnehmer mit zunehmender Berufserfahrung für einen Arbeitgeber wertvoller werden.

Vor dem Hintergrund der ganzheitlichen Markenführung sollten zukünftige Forschungsansätze auch etwaige Wirkungen der übrigen Unternehmensmarken auf die Employer Brand und

[328] Für weitgehendere Informationen zu Hofstedes Kulturdimensionen vgl. Hofstede (2001).

umgekehrt berücksichtigen. Dabei müssten zwei Fälle unterschieden werden, da Corporate Brand und Consumer Brand sowohl identisch als auch unterschiedlich sein können.[329] Als Beispiel für identische Corporate und Consumer Brand kann an dieser Stelle Bosch und als Beispiel für unterschiedliche Corporate und Consumer Brand Unilever genannt werden. Folgt man *Sponheuer*, so kann die Employer Brand entweder in die Corporate Brand integriert und entwickelt werden, oder an die selbige angelehnt werden.[330] Für zukünftige Forschungsprojekte könnte daher die Frage interessant sein, ob die Consumer Brand einen Einfluss auf die Wahrnehmung der Employer Brand nimmt. Es könnte angenommen werden, dass insofern ein Einfluss gegeben ist, dieser vor allem im Fall identischer Corporate und Consumer Brand recht stark sein wird.

[329] Vgl. Sponheuer (2010), S. 211ff.
[330] Vgl. Sponheuer (2010), S. 211f.

5. Schlussbetrachtung

Seit einiger Zeit sehen sich Unternehmen mit einem zunehmenden Wettbewerbsdruck konfrontiert. Als Ursachen dieser Zunahme sind unter anderem eine zunehmende Globalisierung, technischer Fortschritt und steigende Konsumentenanforderungen zu nennen.[331] Um am Markt erfolgreich zu sein, ist es daher für Unternehmen wichtig, sich von ihren Wettbewerbern zu differenzieren. Einen wichtigen Differenzierungsfaktor stellen hierbei Mitarbeiter dar, die einen wertvollen Bestandteil der Ressourcenausstattung eines jeden Unternehmens darstellen. Unternehmen stehen daher vor der Herausforderung passende Mitarbeiter zu rekrutieren und diese dann langfristig an das Unternehmen zu binden.[332]

Im Verlauf des vorliegenden Buches wurde aufgezeigt, welche Faktoren bei der Mitarbeitergewinnung und -bindung eine relevante Rolle einnehmen. Dazu fand zunächst eine empirische Untersuchung statt um die zuvor postulierten Hypothesen bezüglich der Erfolgsfaktoren einer Employer Brand zu überprüfen. Die Daten wurden anhand eines standardisierten Online-Fragebogens erhoben, der zu einer 197 Probanden umfassenden Stichprobe führte.

Die Hypothesen des Untersuchungsmodells wurden schließlich anhand des Partial-Least-Squares-Verfahrens überprüft. Ausgehend von den Untersuchungsergebnissen der vorliegenden Studie konnten schließlich Empfehlungen für die unternehmerische Praxis und die Forschungsgemeinschaft abgeleitet werden.

Im Rahmen des Managements einer Employer Brand sollte in Bezug auf Interest Value, darauf geachtet werden, dass ein Arbeitnehmer in einem interessanten und herausfordernden Umfeld arbeitet. Dies kann bspw. durch diverse Möglichkeiten zur Bestimmung des Arbeitsumfangs von Arbeitnehmern geschehen. Dazu zählen insbesondere Job Enlargement, Job Enrichment und Job Rotation. Social und Economic Value wiesen beide keinen signifikanten Einfluss auf die Arbeitgebermarke auf. Es kann allerdings unterstellt werden, dass die beiden Faktoren Hygienefaktoren sind und somit als vorausgesetzt gelten. Development und Application Value könnten im Rahmen eines erfolgreichen Brandmanagements vor allem dahingehend umgesetzt werden, als dass die Weiterentwicklung von Mitarbeitern gefördert

[331] Vgl. Esch/Wicke (2001), S. 12ff.
[332] Vgl. Foster/Erz/Jenewein (2009), S 279.

wird und talentierte Mitarbeiter besonders in diese Weiterbildungsmaßnahmen integriert werden. Als wichtigster Erfolgsfaktor einer Employer Brand wurde im Rahmen der vorliegenden Studie Image Value identifiziert. Vor allem die Faktoren Aufrichtigkeit, Kompetenz und Kultiviertheit waren dabei von erhöhter Relevanz. Die Unternehmenskommunikation sollte daher im Kontakt mit aktuellen und potentiellen Mitarbeitern auf diese Faktoren ein besonderes Augenmerk richten.

Allgemein sollte der Fokus nicht auf einzelne Komponenten der Employer Brand gerichtet werden, sondern auf das harmonische Zusammenspiel aller Faktoren. Die so entwickelte Employer Value Proposition hilft dann, den Arbeitgeber am Arbeitsmarkt zu positionieren und trägt dazu bei, dass dieser im ‚War For Talents', dem Sieg durch Aufbau von Commitment und Trust ein wesentliches Stück näher kommt.

Im Hinblick auf weitergehende Forschungsprojekte mit Fokus Employer Branding kann die vorliegende Arbeit als Basis zur Identifikation weiterer Einflussgrößen sowie moderierender Effekte angesehen werden. Vor dem Hintergrund einer zunehmend vernetzen Welt sowie einer rapide voranschreitenden Globalisierung sollte insbesondere im Hinblick auf international tätige Unternehmen der Einfluss kultureller Determinanten auf die Wahrnehmung eines Arbeitgebers untersucht werden. Weiterer Forschungsbedarf besteht zudem im Hinblick auf die Integration einer Employer Brand in bestehende Markenarchitekturen.

Anhang

Fragebogendesign

Zunächst möchte ich Sie bitten die folgenden Aussagen in Bezug auf Ihren Arbeitgeber zu bewerten.

1. Mein Arbeitgeber bietet innovative Produkte oder Dienstleistungen an.
2. Mein Arbeitgeber bietet qualitativ hochwertige Produkte oder Dienstleistungen an.
3. Mein Arbeitgeber schätzt und nutzt die Kreativität seiner Arbeitnehmer.
4. Mein Arbeitgeber fördert neue und innovative Arbeitsweisen.
5. Mein Arbeitgeber bietet ein interessantes Arbeitsumfeld.

Bitte bewerten Sie die folgenden sozialen Aspekte im Hinblick auf ihre persönlichen Vorlieben.

1. Mir ist es wichtig gute Beziehungen zu Kollegen zu haben.
2. Gute Beziehungen zu Führungskräften schätze ich sehr.
3. Ich habe gerne Kollegen, die mich ermuntern und unterstützen.
4. Ein harmonisches Arbeitsumfeld ist für mich von hoher Relevanz.
5. Ich schätze es ein Arbeitsumfeld zu haben das mich zufriedenstellt.

Kommen wir nun zu den wirtschaftlichen Aspekten. Bewerten Sie nun bitte die folgenden Merkmale.

1. Ein gutes Gehalt ist mir wichtig.
2. Es ist mir wichtig zusätzlich zu meinen Gehaltszahlungen von meinem Arbeitgeber weitere Leistungen, wie z.B. Sozialleistungen oder Sachzuwendungen zu erhalten.
3. Einen sicheren Arbeitsplatz zu haben ist für mich von hoher Relevanz.
4. Ich möchte auch abteilungsübergreifende Erfahrungen sammeln können.

Bitte bewerten Sie nun die folgenden Aussagen.

1. Für meinen Arbeitgeber arbeiten zu dürfen gibt mir ein gutes Gefühl.
2. Für meinen Arbeitgeber arbeiten zu dürfen stärkt mein Selbstvertrauen.
3. Es ist mir wichtig Erfahrungen zu sammeln, die für mein berufliches Weiterkommen wichtig sind.
4. Es ist mir wichtig einen Arbeitgeber zu haben, der für mich ein Sprungbrett für zukünftige Bewerbungen darstellt.

5. Ich finde es wichtig, dass mein Vorgesetzter mich und meine Leistungen schätzt.

Bitte bewerten Sie die folgenden Aussagen.

1. Ich kann mein vorhandenes Wissen auch an andere weitergeben.
2. Ich kann mein vorhandenes Wissen anwenden.
3. Mein Arbeitgeber agiert kundenorientiert.
4. Mein Arbeitgeber agiert sozial und verantwortungsbewusst.

Bitte bewerten Sie nun die folgenden Attribute im Bezug darauf, wie wichtig sie für Sie sind, wenn Sie an einen Arbeitgeber denken. Stellen Sie sich vor, ihr Arbeitgeber wäre ein Mensch.
Mein Arbeitgeber ist…

1. (Aufrichtigkeit/ Sincerity)
    - bodenständig
    - ehrlich
    - gesund
    - heiter
2. (Spannung/ Excitement)
    - wagemutig
    - temperamentvoll
    - phantasievoll
    - modern
3. (Kompetenz/ Competence)
    - zuverlässig
    - intelligent
    - erfolgreich
4. (Kultiviertheit/ Sophistication)
    - vornehm
    - charmant
5. (Robustheit/ Ruggedness)
    - maskulin
    - zäh

Bitte bewerten Sie nun die folgenden Aussagen.

1. Ich bin meinem Arbeitgeber gegenüber positiv eingestellt.
2. Ich bin meinem Arbeitgeber gegenüber gefällig eingestellt.
3. Meine Einstellung gegenüber meinem Arbeitgeber ist gut.

Die folgenden Sätze befassen sich mit Ihrer Verbundenheit zu Ihrem Arbeitgeber. Bitte nehmen Sie Stellung zu den nachstehenden Aussagen.

1. Mein Arbeitgeber bedeutet mir viel.
2. Ich erzähle Freunden oder Bekannten oft, dass ich gerne für meinen Arbeitgeber arbeite.
3. Ich bin glücklich mich für meinen Arbeitgeber entschieden zu haben.
4. Ich würde auch andere Aufgaben übernehmen, um zukünftig weiter für meinen Arbeitgeber arbeiten zu können.
5. Es bräuchte große Anstrengungen um mich dazu zu bewegen, meinen Arbeitgeber zu verlassen.
6. Für mich ist mein Arbeitgeber die beste Alternative am Arbeitsmarkt.

Nun möchte ich Sie bitten zu den folgenden Sätzen Stellung zu nehmen, die sich allesamt ihrem Vertrauen ihrem Arbeitgeber gegenüber beschäftigen.

1. Mein Arbeitgeber ist eher unberechenbar. Ich kann nie wissen was mich am nächsten Tag erwartet.(R)
2. Ich weiß nie mit was mich mein Arbeitgeber als nächstes überraschen wird. (R)
3. Ich bin sicher, dass ich mich auf meinen Arbeitgeber verlassen kann, insbesondere was mich persönlich betrifft.
4. Ich bin mir sicher, dass ich mich auf meinen Arbeitgeber auch in der Zukunft verlassen kann.
5. Auch wenn sich die Umstände in der Zukunft ändern könnten, bin ich mir sicher, dass mir mein Arbeitgeber die Unterstützung entgegenbringen wird, die ich benötige.
6. Ich bin mir sicher, dass mein Arbeitgeber auch dann noch verlässlich sein wird, wenn er sich einmal in einer schwierigen Situation befinden sollte.

Beurteilen Sie bitte die nachstehenden Aussagen. Stellen Sie sich dabei vor, Sie wären auf der Suche nach einem neuen Arbeitgeber.

1. Ich möchte mit meinem potentiellen Arbeitgeber vertraut sein, bevor ich ein Arbeitsverhältnis eingehe.
2. Ich möchte zuvor schon etwas über einen potentiellen Arbeitgeber von Dritten gehört haben.
3. Ich möchte vorab bereits über ein umfassendes Wissen über einen potentiellen Arbeitgeber verfügen.

Wie lange sind Sie bereits bei Ihrem jetzigen Arbeitgeber beschäftigt?

___Jahre

Denken Sie an Ihren Arbeitsplatz. Welcher Auswahlmöglichkeit würden Sie ihre Stelle zuordnen?

1. Sie haben Entscheidungs- sowie Weisungsbefugnis (fachlich, disziplinarisch) und tragen Eigen- und Fremdverantwortung.
2. Sie sind entscheidungsunterstützend tätig, ohne über eigene Entscheidungs- oder Weisungs-befugnisse zu verfügen. Gegebenenfalls verfügen Sie über ein <u>fachliches</u> Weisungsrecht gegenüber ihnen unterstellten Mitarbeitern.
3. Sie haben unmittelbar mit der Erstellung von Produkten oder Dienstleistungen zu tun.

In welcher Branche arbeiten Sie?

1. Öffentliche und private Dienstleister
2. Finanzierung, Vermietung, Unternehmensdienstleister
3. Handel, Gastgewerbe und Verkehr
4. Land- und Forstwirtschaft, Tierhaltung, Fischerei
5. Baugewerbe
6. Produzierendes Gewerbe ohne Baugewerbe
7. Sonstige:____

Welches Geschlecht haben Sie:

- weiblich
- männlich

Wie alt sind Sie?

- 0-19
- 20-24
- 25-29
- 30-39
- 40-49
- älter als 50
- keine Angabe

Welcher Tätigkeit gehen Sie hauptberuflich nach?

- Schüler/in
- Auszubildende/r
- Student | Arbeiter/in
- Angestellte/r
- Beamtin/er
- Hausfrau/-mann
- Rentner/in
- Selbständige/r
- arbeitssuchend
- Sonstige
- keine Angabe

Was ist der höchste Bildungsabschluss, den Sie bisher erreicht haben?

- Hauptschulabschluss
- Realschulabschluss/Mittlere Reife
- Abitur | Hochschulabschluss
- sonstiger Abschluss
- kein Abschluss
- keine Angabe

Welchen Betrag haben Sie im Monat zum Leben übrig?

- 0-499€
- 500-999€

- 1000-1499€
- 1500-1999€
- 2000-2999€
- 3000-3999€
- 4000€ und mehr
- keine Angabe

Literaturverzeichnis

AAKER, DAVID A. (1992): Management des Markenwerts, Frankfurt, New York.

AAKER, DAVID A. (1996): Building Strong Brands, New York.

AAKER, DAVID A.; JOACHIMSTHALER, ERICH (2000): Brand Leadership, New York.

AAKER, JENNIFER L. (1997): Dimensions of Brand Personality, in: Journal of Marketing Research, Jg. 34, August, S. 347-356.

ALLEN, NATALIE J.; MEYER, JOHN, P. (1990): The Measurement and Antecedents of Affective, Continuance and Normative Commitment to the Organization, in: Journal of Occupational Psychology, Jg. 63, S. 1-18.

ALPARSLAN, ADEM (2006): Strukturalistische Prinzipal-Agent-Theorie - Eine Reformulierung der Hidden-Action-Modelle aus der Perspektive des Strukturalismus, Wiesbaden.

AMBLER, TIM; BARROW, SIMON (1996): The Employer Brand, in: Journal of Brand Management, Jg. 4, Nr. 3, S. 1-24.

ARCBS (Australian Red Cross Blood Service) (2011): Group Donations - Club Red, http://www.donateblood.com.au/get-involved/club-red-group-donations, letzter Abruf: 26.03.2011.

ARGYRIS, CHRIS (1960): Understanding Organizational Behavior, Homewood.

ARGYRIS, CHRIS (1973): Personality and Organization Theory Revisited, in: Administrative Science Quartely, Jg. 18, Nr. 2, S. 141-167.

ARGYRIS, CHRIS (1975): Das Individuum und die Organisation, in: Türk, K. (Hrsg.): Organisationstheorie, Hamburg, S. 215-233.

ARNOT, RICHARD; STIGLITZ, JOSEPH E. (1988): Randomization with Asymmetric Information, in: The RAND Journal of Economis, Jg. 19, Nr. 3, S. 344-362.

ASHFORTH, BLAKE E.; MAEL, FRED (1989): Social Identity Theory and the Organization, in: Academy of Management Review, Jg. 14, Nr. 1, S. 20-39.

AURIFEILLE, JACQUES-MARIE (1991): Proposition d'une méthode de mesure du halo affectif en marketing, in: Recherche et Applications en Marketing, Jg. 6, Nr. 4, S. 59-77.

BACKHAUS, KIRSTIN; TIKOO, SURINDER (2004): Conceptualizing and Researching Employer Branding, in: Career Development International, Jg. 9, Nr. 5, S. 501-517.

BACKHAUS, KLAUS ET AL. (2006): Multivariate Analysemethoden: Eine anwendungsorientierte Einführung, Berlin et al..

BAGOZZI, R.P. (1994): Advanced Methods of Marketing Research, Cambridge (USA) 1994.

BAMERT, THOMAS (2005): Markenwert - Der Einfluss des Marketing auf den Markenwert bei ausgewählten Schweizer Dienstleistungsunternehmen, Wiesbaden.

BARNEY, JAY (1991): Firm Resources and Sustaines Competitive Advantage, in: Journal of Management, Jg. 17, Nr. 1, S. 99-120.

BARNEY, JAY (2001): Is the Resource-Based "View" a Useful Perspective for Strategic Management Research? Yes, in: Academy of Management Review, Jg. 2001, Nr. 1, S. 41-56.

BAUER, HANS H.; STOKBURGER, GREGOR; HAMMERSCHMIDT, MAIK (2006): Marketing Performance: Messen - Analysieren - Optimieren, Wiesbaden.

BARROW, SIMON; MOSLEY, RICHARD (2005): The Employer Brand – Bringing the Best of Brand Management to People at Work, Chichester et al.

BECKER, JOACHIM ET AL. (2011): Arbeitsentgelt, in: Gabler Wirtschaftslexikon, http:// wirtschaftslexikon.gabler.de/Definition/arbeitsentgelt.html, letzter Abruf: 08.03.2011.

BERTHON, PIERRE; EWING, MICHAEL; HAH LI L. (2005): Captivating Company: Dimensions of Attractiveness in Employer Branding, in: International Journal of Advertising, Jg. 24, Nr. 2, S. 151-172.

BETTINGER, JEFREY; BROWN, SAYNA L. (2009): The Talent Vacuum - Keeping Your Best Talent in a Downturn, in: Cost Engineering, Jg. 52, Nr. 11, S. 10-15.

BLOMME, R.J.; RHEEDE, A. VAN; TROMP, D.M. (2010): The Use of the Psychological Contract to Explain Turnover Intensions in the Hospitality Industry - A Research Study on the Impact of Gender on the Turnover Intensions of Highly Educated Employees, in: The International Journal of Human Resource Management, Jg. 21, Nr. 1, S. 144-162.

BOUNKEN, R. (2000): Vertrauen-Kundenbindung-Erfolg? Zum Aspekt des Vertrauens bei Dienstleistungen, in: Bruhn, Manfred (Hrsg.): Dienstleistungsmanagement, Wiesbaden, S. 4-22.

BREYER, FRIEDRICH (2008): Mikroökonomik – Eine Einführung, Heidelberg.

BRUHN, MANFRED (2009a): Marketing – Grundlagen für Studium und Praxis, Wiesbaden.

BRUHN, MANFRED (2009b): Relationship Marketing: Das Management von Kundenbeziehungen, München.

BÜHNER, MARKUS (2011): Einführung in die Test- und Fragebogenkonstruktion, München.

BÜHNER, ROLF (2004): Betriebswirtschaftliche Organisationslehre, München.

BUNDESAGENTUR FÜR ARBEIT (2010): Der BA-X im Februar 2011 - Arbeitskräftenachfrage erreicht neuen Höhepunkt, http://statistik.arbeitsagentur.de/cae/servlet/content blob/250344/publicationFile/122947/Ba-X-201102.pdf, letzter Abruf: 27.03.2011.

CABLE, DANIEL M.; JUDGE, TIMOTHY A. (1997): Interviewers' Perceptions of Person-Organization-Fit and Organizational Selection Decisions, in: Journal of Applied Psychology, Jg. 82, Nr. 4, S. 546-561.

CARROLL, ARCHIE B. (1999): Corporate Social Responsibility - Evolution of a Definitional Construct, in: Business and Society, Jg. 38, Nr. 3, S. 268-295.

CHAMBERS, ELISABETH G. ET AL. (1998): The War For Talent, in: The McKinsey Quartely, Nr. 3, S. 44-57.

CHARNATONY, LESLIE DE; MCDONALD, MALCOM H.B. (2003): Creating Powerful Brands, Oxford et al.

CHIN, WYNNE W. (2000): Frequently Asked Questions - Partial Least Squares & PLS-Graph, http://disc-nt.cba.uh.edu/chin/plsfaq/plsfaq.htm.

COBB-WALGREN, CATHY J.; RUBLE, CYNTHIA A.; DONTHU, NAVEEN (1995): Brand Equity, Brand Preference, and Purchase Intent, in: Journal of Advertising, Jg. 24, Nr. 3, S. 25-40.

COSTELLO, DAVID (2006): Leveraging the Employee Life Cycle, in: Customer Relationship Management, Jg. 10, Nr. 12, S. 48.

DECARLO, LAWRENCE T. (2003): An Application of Signal Detection Theory with Finite Mixture Distributions to Source Discrimination, in: Journal of Experimental Psychology: Learning, Memory and Cognition, Jg. 20, Nr. 5, S. 767-778.

DER SPIEGEL (2010): OECD Berechnungen - Ökonomen fürchten dramatischen Arbeitskräftemangel,http://www.spiegel.de/wirtschaft/soziales/0,1518,727197,00.html, letzter Abruf: 27.03.2011.

DIJKSTRA, THEO K. (2010): Latent Variables and Indices: Herman Wold's Basic Design and Partial Least Squares, in: Vinzi, V. E.; Chin, W. W.; Henseler, J.; Wang, H. (Hrsg.): Handbook of Partial Least Squares - Concepts, Methods and Application, Heidelberg et al., S. 23-46.

DUSCHEK, STEPHAN; SYDOW, JÖRG (2002): Ressourcenorientierte Ansätze des strategischen Managements – Zwei Perspektiven auf Unternehmenskooperation, in: WiSt Wirtschaftswissenschaftliches Studium, Jg. 31, S. 1-13.

DUTTON, JANE E.; DUKERICH, JANET M. (1991): Keeping an Eye on the Mirror: Image and Identity in Organizational Adaptation, in: Academy of Management Journal, Jg. 34, Nr. 3, S. 517-554.

DUTTON, JANE E.; DUKERICH, JANET M.; HARQUAIL, CELIA V. (1994): Organizational Images and Member Identification, in: Administrative Science Quarterly, Jg. 39, S. 239-263.

ESCH, FRANZ-RUDOLF (2001): Moderne Markenführung - Grundlagen, Innovative Ansätze, Praktische Umsetzungen, Wiesbaden.

ESCH, FRANZ-RUDOLF (2008): Messung von Markenstärke und Markenwert, in: Hermann, A.; Homburg, C.; Klarmann, M. (Hrsg.): Handbuch Marktforschung: Methoden-Anwendungen-Praxisbeispiele, Wiesbaden, S. 909-945.

ESCH, FRANZ-RUDOLF (2010): Unique Selling Proposition, in: Gabler Wirtschaftslexikon, http://wirtschaftslexikon.gabler.de/Archiv/81361/unique-selling-proposition-usp-v5 .html, letzter Abruf: 16.01.10.

ESCH, FRANZ-RUDOLF (2011): Word of Mouth, in: Gabler Wirtschaftlexikon, http://wirtschaftslexikon.gabler.de/Definition/word-of-mouth.html?referenceKeyword Name= Mundpropaganda, letzter Abruf: 26.03.2011.

ESCH, FRANZ-RUDOLF; LANGNER, TOBIAS; REMPEL, JAN ERIC (2005): Ansätze zur Erfassung und Entwicklung der Markenidentität, in: Esch, F.-R. (Hrsg.): Moderne Markenführung - Grundlagen, Innovative Ansätze, Praktische Umsetzungen, Wiesbaden, S. 103-129.

ESCH, FRANZ-RUDOLF; STRÖDTER, KRISTINA (2009): Aufbau des Markencommitments in Abhängigkeit der Mitarbeiter-Marken-Fits, in: Tomczak, T.; Esch, F.-R.; Kernstock, J.; Herrmann, A. (Hrsg.): Behavioral Branding – Wie Mitarbeiterverhalten die Märke stärkt, Wiesbaden, S. 141-159.

ESCH, FRANZ-RUDOLF; WICKE, ANDREAS (2001): Herausforderungen und Aufgaben des Markenmanagements, in Esch, F.-R. (Hrsg.): Moderne Markenführung - Grundlagen, Innovative Ansätze, Praktische Umsetzungen, Wiesbaden, S. 3-55.

EISENBERG, B. ET AL. (2001): The Role of the Value Proposition and Employment Branding in Retaining Top Talent, Alexandria/VA.

ERDEM, TÜLIN; SWAIT, JOFFRE (1998): Brand Equity as a Signaling Phenomenon, in: Journal of Consumer Psychology, Jg. 7, Nr. 2, S. 131-157.

FABER, MALTE; PETERSEN, THOMAS; SCHILLER JOHANNES (2002): Homo Oeconomicus and Homo Politicus, in: Ecological Economics, Jg. 40, S. 323-333.

FORNELL, C.; LARCKER, D. F. (1981): Evaluating Structural Equation Models with Unobservable Variables and Measurement Error, in: Journal of Marketing Research, Jg. 18, February, S. 39-50.

FOSTER, ANJA; ERZ, ANTONIA; JENEWEIN, WOLFGANG (2001): Employer Branding - Ein konzeptioneller Ansatz zur Mitarbeiterorientierten Markenführung, in: Tomczak, T.; Esch, F.-R.; ; Herrmann, A. (Hrsg): Behavioral Branding - Wie Mitarbeiterverhalten die Marke stärkt, Wiesbaden, S. 279- 294.

FRANZ, WOLFGANG (2006): Arbeitsökonomik, Heidelberg.

GROSSKLAUS, RAINER H. G. (2006): Positionierung und USP – Wie Sie eine Alleinstellung für Ihre Produkte finden und umsetzen, Wiesbaden.

GOSHAL, BARTLETT; MORAN (2000): Wertschöpfung - Managementmanifest für das neue Jahrtausend, in: Chowdhury, S. (Hrsg.): Management 21C - Führung, Globales Business und Organisation, München.

GÜTTLER, PETER O. (2003): Sozialpsychologie, München.

HAMEL, STEPHANIE A. (2009): Exit, Voice and Sensemaking Following Psychological Contract Violations, in: Journal of Business Communication, Jg. 46, Nr. 2, S. 234-261.

HARTMANN, MARTIN; OFFE CLAUS (2001): Vertrauen - Die Grundlage des sozialen Zusammenhalts, Frankfurt/Main.

HENDRY, CHRIS; JENKINS, ROMY (1997): Psychological Contracts and New Deals, in: Human Resource Management Journal, Jg. 7, Nr. 1, S. 38-44.

HERZBERG, FREDERICK (1968): One More Time: How Do You Motivate Employees?, in: Harvard Business Review, Jg. 46, Nr. 1, S. 53-62.

HERZBERG, FREDERICK; MAUSNER, BERNARD; BLOCH-SNYDERMAN, BARBARA (1993): The Motivation to Work, New York.

HILDEBRANDT, LUTZ; HOMBURG, CHRISTIAN (1998): Die Kausalanalyse: Bestandsaufnahme, Entwicklungsrichtungen, Problemfelder, in: Hildebrandt, Lutz; Homburg, Christian (Hrsg.): Die Kausalanalyse, Stuttgart, S. 15-43.

HOEFFLER, STEVE; KELLER, KEVIN L. (2002): Building Brand Equity Through Corporate Social Marketing, in: Journal of Public Policy & Marketing, Jg. 21, Nr. 1, S. 78-89.

HOFSTEDE, GEERT (2001): Culture's Consequences - Comparing Values, Behaviors, Institutions, and Organizations Across Nations, Thousand Oaks et al.

HOMBURG, CHRISTIAN; GIERING, ANNETTE (1998): Konzeptualisierung und Operationalisierung komplexer Konstrukte – Ein Leitfaden für die Marketingforschung, in: Hildebrandt, Lutz; Homburg, Christian (Hrsg.): Die Kausalanalyse, Stuttgart, S. 111-148.

HOWARD, JOHN A.; SHETH, JAGDISH N. (1969): A Theory of Buyer Behavior, New York.

HUBER, FRANK; VOLLHARDT, KAI; MEYER, FREDERICK; REGIER, STEFANIE (2004): Die Relevanz von Vertrauen im Beziehungsmarketing, in: Tourismus Journal, Jg. 8, Nr. 4, S. 475-494.

HUBER, FRANK ET AL. (2005): Zur Eignung von kovarianz- und varianzbasierten Verfahren zur Schätzung komplexer Strukturgleichungsmodelle, Wissenschaftliche Arbeitspapiere des Center of Market-Oriented Product and Production Management.

HUBER, FRANK ET AL. (2007): Kausalmodellierung mit Partial Least Squares - Eine anwendungsorientierte Einführung, Wiesbaden.

HUBER, FRANK; MEYER, FREDERIK (2008): Der Fußballstar als Marke: Determinanten der Markenbildung am Beispiel von Lukas Podolski, Wiesbaden.

HUBER, FRANK; MEYER, FREDERICK (2009): Phänomen Markenarchitektur: Eine empirische Studie zur Stärkung von Produktmarken im Konsumgüterbereich, Köln.

HUNT, SHELBY D.; ARNETT, DENNIS B.; MADHAVARAM, SHREEDHAR (2006): The Explanatory Foundations of Relationship Marketing Theory, in: Journal of Business & Industrial Marketing, Jg. 21, Nr. 2, S. 72-87.

JARITZ, SABINE (2008): Kundenbindung und Involvement - Eine empirische Analyse unter besonderer Berücksichtigung von Low Involvement, Wiesbaden.

JARVIS, C. B.; MACKENZIE, S. B.; PODSAKOFF, P. M. (2003): A Critical Review of Construct Indicators and Measurement Model Misspecification in Marketing and Consumer Research, in: Journal of Consumer Research, Jg. 30, Nr. 2, S. 199-218.

JENSEN, MICHAEL C.; MECKLING, WILLIAM H. (1976): Theory of the Firm - Managerial Behaviour, Agency Costs and Ownership Structure, in: Journal of Financial Economics, Jg. 3, Nr. 4, S. 305-360.

KATOBE, MASAAKI; XAVIER, MARTIN; DOMOTO, HIROSHI (2003): Gaining From Vertical Partnerships: Knowledge Transfer, Relationship Duration, and Supplier Performance Improvement in the U.S. and Japanese Automotive Industries, in: Strategic Management Journal, Jg. 24, S. 293-316.

KELLER, KEVIN L. (1993): Conceptualizing, Measuring and Managing Customer-Based Brand Equity, in: Journal of Marketing, Jg. 57, Januar, S. 1-22.

KELLER, KEVIN L. (2002): Branding and Brand Equity, in: Weitz, Barton A.; Wensley, Robin (Hrsg.): Handbook of Marketing, S. 151-178.

KELLER, KEVIN L. (2003): Brand Synthesis: The Multidimensionality of Brand Knowledge, in: Journal of Consumer Research, Jg. 29, März, S. 595-600.

KIMPAKORN, NARUMON; TOCQUER, GERARD (2009): Employees' Commitment to Brands in the Service Sector: Luxury Hotel Chains in Thailand, in: Journal of Brand Management, Jg. 16, Nr. 8, S. 532-544.

KIRCHGÄSSER, GEBHARD (2008): Homo Oeconomicus – The Economic Model of Behaviour and Its Applications in Economics and Other Social Sciences, New York.

KIRCHLER, ERICH, HÖLZL, ERIK (2008): Arbeitsplatzgestaltung, in: Kirchler, E. (Hrsg.): Arbeits- und Organisationspsychologie Band 1, Wien, S. 297-318.

KOTLER, PHILIP; ET AL. (2007): Grundlagen des Marketing, München.

KREUTZER, RALF T. (2010): Praxisorientiertes Marketing: Grundlagen - Instrumente - Fallbeispiele, Wiesbaden.

KUEN, W.L.; KAUR, S.; WONG, E.S.K. (2010): The Relationship Between Organizational Commitment and Intention to Quit - The Malaysian Companies Perspectives, in: Journal of Applied Sciences, Jg. 10, Nr. 19, S. 2251-260.

LASSAR, WALFRIED; MITTAL, BANWARI; SHARMA, ARUN (1995): Measuring Customer-Based Brand Equity, in: Journal of Consumer Marketing, Jg. 12, Nr. 4, S. 11-19.

LEHMANN, JÜRGEN A.; UEPPING, HEINZ (2001): Neue Dimensionen der Verantwortung für das HR-Management, in: Lombriser, Roman; Uepping, Heinz (Hrsg.): Employability statt Jobsicherheit – Personalmanagement für eine neue Partnerschaft zwischen Unternehmen und Mitarbeitern, Neuwied; Kriftel, S. 61-126.

LEUTHESSER, LANCE; KOHLI, CHIRNAJEEV S.; HARICH, KATRIN R. (1995): Brand Equity - The Halo Effect Measure, in: European Journal of Marketing, Jg. 29, Nr. 4, S. 57-66.

LEVITT, THEODORE (1983): The Globalization of Markets, in: Harvard Business Review, Jg. 61, Nr. 3, S. 92-102.

LIEVENS, FILIP; VAN HOYE, GREET; SCHREURS, BERT (2005): Examining the Relationship Between Employer Knowledge Dimensions and Organizational Attractiveness: An Application in the Military Context, in: Journal of Occupational and Organizational Psychology, Jg. 78, S. 553-572.

LOMBRISER, ROMAN; LEHMANN, JÜRGEN A. (2001): Wandel der Wirtschaft, in: Lombriser, Roman; Uepping, Heinz (Hrsg.): Employability statt Jobsicherheit - Personalmanagement für eine neue Partnerschaft zwischen Unternehmen und Mitarbeitern, Neuwied; Kriftel, S. 1-60.

LUHMANN, NIKLAS (2000): Vertrauen - Ein Mechanismus der Reduktion sozialer Komplexität, Stuttgart.

LUHMANN, NIKLAS (2001): Vertrautheit, Zuversicht, Vertrauen. Probleme und Alternativen, in: Hartmann, Martin; Offe, Claus (Hrsg.): Vertrauen - Die Grundlage des sozialen Zusammenhalts, Frankfurt/Main, S. 143-160.

MACMILLAN, KEITH; ET AL. (2005): Relationship Marketing in the Non-For-Profit-Sector: An Extension and Application of the Commitment-Trust-Theory, in: Journal of Business Research, Jg. 58, S. 806-818.

MAKIN, PETER J.; COOPER, CARY L.; COX, CHARLES (2003): Organizations and the Psychological Contract - Managing People at Work, Oxford, Malden.

MASLOW, ABRAHAM H. (1943): The Theory of Human Motivation, in: Psychological Review, Jg. 50, S. 370-396.

MASLOW, ABRAHAM H. (1987): Motivation and Personality, New York et al.

MASLOW, ABRAHAM H. (1989): A Theory of Human Motivation, in: Leavitt, Harold J.; Pondy, Louis R.; Boje, David M.: Readings in Managerial Psychology, Chicago, London, S. 20-35.

MAXWELL, RACHAEL; KNOX, SIMON (2009): Motivating Employees to "Live the Brand": A Comparative Case Study of Employer Brand Attractiveness within the Firm, in: Journal of Marketing Management, Jg. 25, Nr. 9-10, S. 893-907.

MCKINSEY & COMPANY (2001): The War For Talent - Organization and Leadership Practice, April, 2001.

MEFFERT, HERIBERT; BURMANN, CHRISTOPH; KIRCHGEORG, MANFRED (2008): Marketing: Grundlagen, Marktorientierte Unternehmensführung, Konzepte, Instrumente, Praxisbeispiele, Wiesbaden.

MEFFERT, HERIBERT; BURMANN, CHRISTOPH, KOERS, MARTIN (Hrsg.) (2005): Markenmanagement - Identitätsorientierte Markenführung und praktische Umsetzung, Wiesbaden.

MEYER, JOHN P.; HERSCOVITCH, LYNNE (2001): Commitment in the Workplace – Toward a General Model, in: Human Resource Management Review, Jg. 11, S. 299-326.

MÖLL, THORSTEN (2007): Messung und Wirkung von Markenemotionen - Neuromarketing als neuer verhaltenswissenschaftlicher Ansatz, Wiesbaden.

MORGAN, ROBERT M.; HUNT, SHELBY D. (1994): The Commitment-Trust Theory of Relationship Marketing, in: Journal of Marketing, Jg. 58, Juli, S. 20-38.

MOWDAY, RICHARD T.; STEERS, RICHARD M.; PORTER, LYMAN W. (1979): The Measurement of Organizational Commitment, in: Journal of Vocational Behavior, Jg. 14, S. 224-247.

MUMMENDEY, H. D. (1995): Psychologie der Selbstdarstellung, Göttingen et al.

NA, WOON-BONG; MARSHALL, ROGER; KELLER, KEVIN L. (1999): Measuring Brand Power: Validating a Model for Optimizing Brand Equity, in: Journal of Product & Brand Management; Jg. 8, Nr. 3; S. 170-184.

NELSON, PHILLIP (1970): Information and Consumer Behavior, in: Journal of Political Economy, Jg. 78, Nr. 2, S. 310-329.

NEWSTROM, JOHN W. (2002): Making Work Fun - An Important Role For Managers, in: SAM Advanced management Journal, Jg. 67, Nr. 1, S. 4-8.

NICHOLSON, NIGEL; JOHNS, GARY (1985): The Absence Culture and the Psychological Contract - Who's in Control of Absence?, in: Academy of Management Review, Jg. 10, Nr. 3, S. 397-407.

NOUR, DAVID (2010): Put Top Talent to Use in Your Organization, in: Nonprofit World, Jg. 58, Nr. 1, S. 10-11.

OECD (2010): OECD Reviews of Vocational Education and Training - Learning for Jobs, Paris.

O.V. (2002): Die Marke ergründen - 28 Marken-Tools in der Übersicht, in: Absatzwirtschaft - Sonderausgabe Marken, 10.03.2002.

PENROSE, EDITH (1995): The Theory of the Growth of the Firm, Oxford, 2004.

POTH, LUDWIG G.; POTH, GUDRUN S.; PRADEL, MARCUS (2008): Gabler Kompakt Lexikon Marketing, Wiesbaden.

RAU, THOMAS (2004): Planung, Statistik und Entscheidung, München.

READY, DOUGLAS A.; CONGER, JAY A. (2007): Make Your Company a Talent Factory, in: Harvard Business Review, Jg. 85, Nr. 6, S. 68-77.

RICHTER, RUDOLF; FURUBOTN, EIRIK G. (2003): Neue Insitutionenökonomik, Tübingen.

RINGLE, CHRISTIAN MARC (2004): Messung von Kausalmodellen: Ein Methodenvergleich, Arbeitspapier Nr. 14 des Instituts für Industriebetriebslehre und Organisation, Universität Hamburg.

ROBINSON, SANDRA L. (1996): Trust and Breach of the Psychological Contract, in: Administrative Science Quartely, Jg. 41, S. 574-599.

ROSS, STEPHEN A. (1973): The Economic Theory of Agency - The Principal's Problem, in: American Economic Association, Jg. 62, Nr. 2, S. 134-139.

ROUSSEAU, DENISE M. (1989): Psychological and Implied Contracts in Organizations, in: Employee Responsibilities and Rights Journal, Jg. 2, Nr. 2, S. 121-139.

ROUSSEAU, DENISE M. (1990): New Hire Perceptions of Their Own and Their Employer's Obligation - A Study of Psychological Contracts, in: Journal of Organizational Behavior, Jg. 11, S. 389-400.

RUMP, JUTTA; EILER, SILKE (2006): Managing Employability, in: Rump, Jutta (Hrsg.): Employability Management: Grundlagen, Konzepte, Perspektiven, S. 13-76.

RUSBULT, D. E. (1983): A Longitudinal Test of the Investment Model: The Development (and Deterioration) of Satisfaction and Commitment in Heterosexual Involvement, in: Journal of Personality and Social Psychology, Jg. 45, Nr. 1, S. 101-117.

RUTH, JULIE E.; SIMONIN, BERNARD L. (2003): Brought to You by Brand A and Brand B: Investigating Multiple Sponsor‘s Influence on Consumers‘ Attitudes Towards Sponsored Events, in: Journal of Advertising, Jg. 32, Nr. 2, S. 19-30.

SCHEIN, E. H. (1980): Organizational Psychology, Englewood Cliffs.

SCHMIDT, EBERHARD ET AL. (2010): Multikollinearität, in: Gabler Wirtschaftslexikon, http://wirtschaftslexikon.gabler.de/Archiv/89692/multikollinearitaet-v7.html, letzter Abruf: 08.02.2011.

SMITHER, LEE (2003): Managing Employee Life cycles to Improve Labor Retention, in: Leadership and Management in Engineering, Jg. 3, Nr. 1, S. 19-23.

SCHIRA, JOSEPH (2005): Statistische Methoden der VWL und BWL - Theorie und Praxis, München et al.

SCHOLARIUS, DORA ET AL. (2008): Employability and the Psychological Contract in European ICT Sector SMEs, in: The International Journal of Human Resource Management, Jg. 19, Nr. 6, S. 1035-1055.

SCHREYÖGG, GEORG (2008): Organisation - Grundlagen moderner Organisationsgestaltung, Wiesbaden.

SCHUHMACHER, FLORIAN; GESCHWILL, ROLAND (2009): Employer Branding - Human Resources Management für die Unternehmensführung, Wiesbaden.

SEBALD, HARRIET; BALLHAUSEN, HEIKE; DENISON, KATHRIN DR.; BLÖSINGER, NINA (2010): Nachhaltiges Mitarbeiterengagement braucht neue Erfolgsformel - Towers Watson Global Workforce Study - Executive Summary, Frankfurt.

SLUIS, LIDEWAY VAN DER; BUNT-KOKHUIS, SYLVIA VAN DE (2009): Competing for Talent, Assen.

SMITH, KENNETH; GREGORY, SUSANN R.; CANNON, DEBBY (1996): Becoming an Employer of Choice - Assessing Commitment in the Hospitality Workplace, in: International Journal of Contemporary Hospitality Management, Jg. 8, Nr. 6, S. 3-9.

SPARROW, PAUL R. (1996): Transitions in the Psychological Contract - Some Evidence from the Banking Sector, in: Human Resource Management Journal, Jg. 6, Nr. 4, S. 75-92.

SPICKSCHEN, ERIK (2005): Internes Unternehmertum und Recruiting von High Potentials - Theoretische und empirische Untersuchung, Wiesbaden.

SPONHEUER, BIRGIT (2010): Employer Branding als Bestandteil einer ganzheitlichen Markenführung, Wiesbaden.

STATISTISCHES BUNDESAMT (2010): Erwerbstätige nach Wirtschaftszweigen, www.bpb.de/files/RWKFC9.pdf, letzter Abruf: 23.10.10.

STAUSS, BERND; FRIEGE, CHRISTIAN (1999): Regaining Service Customers, in: Journal of Service Research, Jg. 1, Nr. 4, S. 347-361.

STAUSS, BERND (2000): Perspektivenwandel: Vom Produkt-Lebenszyklus zum Kundenbeziehungs-Lebenszyklus, in: Thexis, Jg. 18, Nr. 2, S. 15-18.

STOCK, JAMES H.; WATSON, MARC W. (2007): Introduction to Econometrics, Boston et al.

STRIETZKE, CHRISTOPH (2010): Markenorientiertes Personalmanagement durch Employer Branding - Theoretisch-konzeptioneller Zugang und empirische Evidenz, Wiesbaden.

SWAN, JOHN E.; TRAWICK, I. FREDRICK; SILVA, DAVID W. (1985): How Industrial Salespeople gain Customer Trust, in: Industrial Marketing Management, Jg. 14, S. 203-211.

SWAIT, JOFFRE; ERDEM, TULIN; LOUVIERE, JORDAN; DUBELAAR, CHRIS (1993): The Equalization Price - A Measure of Consumer-Perceived Brand Equity, in: International Journal of Research in Marketing, Jg. 10, S.23-45.

TAJFEL, HENRI; TURNER, JOHN C. (1979): The Social Identity Theory of Intergroup Behaviour, in: Psychology of Intergroup Relations, Worchel, Stephen; Austin, William G. (Hrsg.), Chicago, S. 33-47.

TAJFEL, HENRI (1981): Human Groups and Social Categories: Studies in Social Psychology, Cambridge, New York, Melbourne.

TASHCHIAN, ARMEN; WHITE, DENNIS J.; PAK, SUKGOO (1988): Signal Detection Analysis and Advertising Recognition: An Introduction to Measurement and Interpretation Issues, in: Journal of Marketing Research, Jg. 25, November, S. 397-404.

THOMMEN, JEAN-PAUL; ACHLEITNER, ANN-KRISTIN (2006): Allgemeine Betriebswirtschaftslehre - Umfassende Einführung aus managementorientierter Sicht, Wiesbaden.

THORNDIKE, EDWARD L. (1920): A Constant Error in Psychological Ratings, in: Journal of Applied Psychology, Jg. 4, S. 25-29.

TSAO, HSIU-YUAN; PITT, LEYLAND F.; BERTHON, PIERRE (2006): An Experimental Study of Brand Signal Quality of Products in an Asymmetric Information Environment, in: Omega, Jg. 34, S. 397-405.

WATSON, BRYAN (2001): A New Deal? - Understanding the Psychological Contract, in: Public Money and Management, July-September, S. 57-60.

WEICK, K. (1981): The Social Psychology of Organizing, Reading.

WERPERS, KATJA (1999): Konflikte in Organisationen: Eine Feldstudie zur Analyse interpersonaler und intergruppaler Konfliktsituationen, Münster.

WILDEN, RALF S.; GUDERGAN, SIEGFRIED; LINGS, IAN (2006): Employee-Based Brand Equity, in: Advancing Theory, Maintaining Relevance - Proceedings of the 2006 ANZMAC Conference, Ali, Y.; van Dessel, M. (Hrsg), Brisbane, S. 1-8.

WILKINSON, ADRIAN J. (2009): The SAGE Handbook of Human Resource Management, London et al.

YE, GEWEI; RAAIJ, FRED W. VAN (2004): Brand Equity - Extending Brand Awareness and Liking with Signal Detection Theory, in: Journal of Marketing Communications, Jg. 10, Juni, S. 95-114.